实验室安全管理体系构建与实践方法研究

郝兴霞 陈文婧 岳 鑫 夏 远 任向宇 ◎ 著

中国纺织出版社有限公司

内 容 提 要

本书全面研究了实验室安全管理的理论与实践，旨在为建立科学、高效的实验室安全管理体系提供指导。书中系统梳理了相关法规与标准体系、实验室安全布局、设施与装备，实验室风险管理、事故应急管理、安全培训与文化建设、管理信息化等内容。通过理论探讨和实践案例分析，为实验室安全管理领域的专业人士提供全面且实用的指南。不仅突出了安全管理基础框架，还深入讨论了培训、设施、事故应急等具体问题，为高校和科研机构建立健全实验室安全管理体系提供具体方法和操作指南。

本书结构清晰、内容完整，适合实验室管理人员、实验人员及其他工作人员学习、使用。

图书在版编目（CIP）数据

实验室安全管理体系构建与实践方法研究 / 郝兴霞等著. -- 北京：中国纺织出版社有限公司，2024.7.
ISBN 978-7-5229-2125-9

Ⅰ.G311

中国国家版本馆CIP数据核字第2024M8C140号

责任编辑：李立静　　责任校对：王蕙莹　　责任印制：储志伟

中国纺织出版社有限公司出版发行
地址：北京市朝阳区百子湾东里A407号楼　邮政编码：100124
销售电话：010—67004422　传真：010—87155801
http://www.c-textilep.com
中国纺织出版社天猫旗舰店
官方微博 http://weibo.com/2119887771
三河市悦鑫印务有限公司印刷　各地新华书店经销
2025年1月第1版第1次印刷
开本：710×1000　1/16　印张：10
字数：192千字　定价：99.90元

凡购本书，如有缺页、倒页、脱页，由本社图书营销中心调换

前言

在当今知识爆炸、技术革新层出不穷的时代,实验室已成为科学研究的核心场所,是创新思想的孵化器和科学发现的发源地。实验室不仅是科学家们探索未知、验证理论的场所,还是推动社会进步、加速科技发展的强大引擎。然而,随着实验活动的日益增多和实验技术的不断进步,实验室安全问题也日益凸显,成为科研领域不容忽视的挑战。实验室安全事故的发生,不仅对实验室设施、研究成果乃至整个科研机构造成不可逆转的损失,还可能对科研人员的生命安全构成严重威胁。此外,实验室安全事故还可能引发公众对科研活动的质疑,影响科研机构的声誉,甚至对整个社会的科技发展和经济建设产生负面影响。因此,构建一个科学、系统、有效的实验室安全管理体系,对于保障科研人员的生命安全、维护科研成果的完整性、促进科研活动的顺利进行、推动社会和谐与经济可持续发展具有至关重要的意义。有效的实验室安全管理体系能够从源头上预防和控制安全风险,降低事故发生的概率。它要求科研人员具备高度的安全意识,掌握必要的安全知识和技能,能够在实验过程中严格遵守安全规程、正确使用实验设备和化学品。同时,实验室安全管理体系还需要涵盖风险评估、安全培训、应急预案、事故调查等多个方面,以形成一个全方位的安全管理网络。

本书全面探讨了实验室安全管理的各个方面,从实验室管理基本概念入手,深入分析实验室安全管理的重要意义,并系统介绍实验室安全管理体系的框架与要素、国内外发展历程。书中系统梳理了相关法规与标准体系,强调其对实验室安全管理的指导作用。之后详细论述实验室安全布局、设施与装备,风险管理,事故应急管理,安全培训与文化建设等核心内容,指出信息化在提升实验室安全管理效率中的关键作用,并强调信息安全与隐私保护的重要性。整体而言,本书为实验室安全管理提供了一个全面的理论框架和实践指导。

在写作本书的过程中，我们深知自身知识的局限性和研究的不足。因此，我们诚挚地希望广大读者、专家学者和实践工作者能够提出宝贵的意见和建议，共同推动实验室安全管理理论与实践的不断发展和完善。

著　者

2024 年 7 月

目 录

第一章 引言 ·· 1
  第一节 研究背景 ·· 1
  第二节 研究目的与方法 ·· 4

第二章 实验室安全管理体系概述 ·· 7
  第一节 实验室管理 ·· 7
  第二节 实验室安全管理的重要意义 ·· 12
  第三节 实验室安全管理体系的框架与要素 ·· 21
  第四节 国内外实验室安全管理体系的发展历程 ·································· 30

第三章 相关法规与标准体系 ·· 37
  第一节 实验室安全管理相关法规与标准体系 ······································ 37
  第二节 法规与标准对实验室安全管理的指导与规范 ···························· 39
  第三节 实验室安全管理体系实践 ·· 45

第四章 实验室安全布局、设施与装备 ·· 50
  第一节 实验室安全布局 ·· 50
  第二节 实验室安全设施 ·· 53

第三节 实验室安全装备与防护工具......58

第五章 实验室风险管理......64
第一节 实验室风险识别......64
第二节 实验室风险评估......68
第三节 实验室风险控制......74

第六章 实验室事故应急管理......82
第一节 实验室事故概述......82
第二节 实验室事故应急预案的制定与实施......90
第三节 事故调查......98

第七章 实验室安全培训与文化建设......102
第一节 实验室人员安全培训的重要性......102
第二节 实验室安全培训内容与流程......108
第三节 实验室安全文化建设......114

第八章 实验室管理信息化与信息安全管理......123
第一节 实验室管理信息化概述......123
第二节 实验室信息管理系统的建设......129
第三节 信息安全与隐私保护......140

参考文献......153

第一章 引 言

第一节 研究背景

随着科技的快速发展，科学研究和人才培养的重要基地——实验室的安全问题日益受到重视。实验室安全问题不仅关系实验人员的生命健康，还直接影响实验室的教育水平和科研质量。

一方面，实验室承担培养高素质创新人才和建设实践科研基地的重任；另一方面，实验室的发展应注重全面、平衡、安全。其中，实验室安全是高校能够正常开展教学科研工作的基本保障。但实验室属于一种特殊的复杂环境，其安全问题涵盖了许多方面，例如水电安全、消防安全、生物毒理试验安全、化学废物处置和其他固体废物处置等。师生在教研与科研实验活动中会接触到各种各样的试剂、药品、精密仪器与相关机械设备。在实验过程中，化学反应往往伴随易燃、易爆等危险性过程，同时还会产生剧毒和腐蚀性的气体、有害烟雾和有害物质。仪器和设备在运行过程中还可能产生光、电、热、辐射和高压气体等危害。因此，实验室的安全问题不容忽视。

一、当前实验室安全管理的不足

在当代科学研究和教育体系中，实验室安全管理体系的建立和完善是确保科研活动顺利进行和保障相关人员安全的关键。尽管国家层面和各高校已经制定了一系列实验室安全规章和标准，以规范实验室操作，预防和减少安全事故的发生，但实验室安全事故仍会发生，暴露出现有管理体系的不足和漏洞。

首先，实验室安全管理体系的不足体现在相关人员安全意识的淡薄上。一些实验室使用者，尤其是学生，对实验操作的潜在风险认识不足，缺乏必要的安全知识和自我保护意识。在实验过程中，他们可能忽视了安全操作规程，未能充分利用防护器材，如手套、护目镜等，导致在面对突发情况时无法有效保护自己。此外，废弃物处理不当也是安全意识不足的体现。缺乏有效的废弃物分类和处理知识会对实验室环境和人员安全构成潜在威胁。

其次，实验室的基础设施和设备老化也是导致安全事故发生的原因之一。

许多实验室的通风系统、消防设施等关键安全设备未能得到及时更新和维护，存在功能不全或老化的问题。例如，实验室内基本消防工具如灭火器、干砂、灭火毯等在数量和质量上未能达到相关标准，而烟雾和火灾报警器的缺乏则意味着在火灾初起时，人员和财产的安全无法得到及时的保障。

再次，实验室人员进出管理的不规范也是安全管理现状中的一大问题。学生和教师的进出登记行为缺乏规范性，导致管理者难以准确掌握实验室的实时使用状态，也阻碍了紧急情况下的快速和有效响应。此外，公共教学实验室在夜间未被妥善关闭和上锁，增加了发生火灾和其他安全事故的概率。

最后，实验室安全管理体系的不足还体现在对危险源的管理上。实验室中的危险源包括不同类型和数量的危化品、高压气瓶、生物危害物质等，这些危险源的管理需要根据其具体特点和风险程度来进行。然而，现有的管理体系往往缺乏对这些危险源的有效分类和差异化管理，导致相关人员无法针对性地采取相应的安全措施。

改进和完善实验室安全管理体系需要从多个层面入手。一是加强安全教育是基础。通过全面的安全培训和考核，确保每个实验室使用者都具备必要的安全知识和操作技能。二是优化基础设施，更新和维护关键安全设备，如通风系统和消防设施，以满足紧急情况下的需求。三是实施严格的进出管理制度，确保实验室的日常管理和调度有序进行。四是对实验室中的危险源进行有效分类和差异化管理，根据危险源的类型和风险程度采取相应的安全措施。

此外，构建实验室安全风险预警机制也是提升实验室安全管理水平的重要措施。通过风险评估和监控及时发现潜在的安全问题并采取预防措施，以减少事故发生的可能性。同时，建立专业化的应急队伍，提高处置风险的能力，确保在事故发生时能够迅速、有效地进行应对。

二、政策与法规的推动

随着国家对科研和教育领域的重视程度不断提升，实验室作为科技创新和人才培养的重要场所，其安全管理问题受到了前所未有的关注。国家层面对实验室安全管理的标准和要求不断提高，这不仅体现了对科研人员和学生生命安全的高度负责，还反映了对科研质量和教育水平的严格要求。在这一背景下，高校和研究机构须不断适应新的安全形势，不断提升实验室安全管理水平。

首先，国家通过制订和修订一系列与实验室安全相关的法律法规为实验室安全管理提供了明确的指导和规范。这些法律法规涵盖了实验室安全的基本要求、安全责任、安全操作规程、应急预案、事故处理等多个方面的内容，为实验室安全管理提供了法律依据和操作框架。同时，国家还通过定期的安全检查和评估来确保这些法律法规得到有效执行。

其次，国家对实验室安全管理人员的培训和资格认证提出了更高要求。实验室安全管理人员不仅要具备专业的安全管理知识，还要通过国家认可的培训和考试获得相应的资格证书。这一措施旨在提高实验室安全管理人员的专业素质，确保他们能够胜任安全管理工作，以有效预防和处理安全事故。

再次，国家鼓励高校和研究机构采用先进的安全管理技术和方法，如信息化管理、智能化监控等，以提高安全管理的效率和效果。通过这些技术手段，实验室可以实时监控实验环境和设备状态，及时发现和处理安全隐患，减少事故发生的可能性。

最后，国家还强调了实验室安全文化建设的重要性。通过举办安全知识讲座、安全技能培训、安全文化节等活动，提高实验室人员的安全意识和安全技能。这种安全文化的培养有助于形成人人重视安全、人人参与安全管理的良好氛围，从根本上提高实验室的安全管理水平。

在国家政策和法规的推动下，高校和研究机构也在不断探索和实践更有效的实验室安全管理方法。例如，一些高校建立了实验室安全委员会，负责制定和实施实验室安全政策，监督和评估实验室安全状况。一些研究机构则采用了风险评估和风险管理的方法对实验室的潜在风险进行系统分析，以制定相应的预防和应对措施。

然而，实验室安全管理水平的提升并非一蹴而就，它是一个长期的过程。在这个过程中，高校和研究机构需要不断总结经验、发现问题、完善制度。同时，还需要加强与国家相关部门的沟通和协作，及时了解和响应国家的安全政策和要求。

三、社会与学术界的关注

实验室安全问题已经成为社会公众和学术界广泛关注的话题，这不仅是因为实验室是科学研究和人才培养的重要场所，更是因为实验室安全事故的发生往往具有不可预测性和严重性，很可能对人员安全、环境健康以及社会稳定造成重大影响。因此，高校和研究机构在安全管理方面必须采取更加透明和开放的态度接受社会监督，以提高安全管理的质量和效率。

首先，社会对实验室安全的关注源于对科研人员和学生生命安全的重视。实验室是进行各种实验操作的地方，涉及各种化学品、生物制剂、放射性物质等潜在危险因素。一旦发生安全事故，不仅可能对实验室内的人员造成伤害，还可能对周边环境和社区安全造成威胁。因此，社会公众对实验室安全的关注度日益提高，并希望通过监督促进实验室安全管理的改进和提升。

其次，目前学术界对实验室安全的关注更多地体现在对科研质量的保障和学术声誉的维护上。实验室是学术研究的基础，实验室安全事故的发生不仅可能导致研究工作中断，还可能对研究结果的可靠性和学术成果的公信力造成损害。因此，学术界普遍认为，加强实验室安全管理是提高科研质量和维护学术声誉的重要保障。

在社会和学术界的关注下，高校和研究机构需要采取更加透明和开放的举措，主动公开实验室安全管理的相关信息，包括安全政策、操作规程、应急预案等，让社会公众和学术界了解实验室安全管理的实际情况。同时，还需要建立有效的沟通机制，及时回应社会和学术界的关切，接受他们的建议和监督。

此外，高校和研究机构还需要加强与社会和学术界的合作，共同推进实验室安全管理的改进。这可以通过举办公开讲座、研讨会、工作坊等活动，邀请社会公众和学术界的代表参与，共同探讨实验室安全管理的问题和解决方案。这种合作不仅可以促进实验室安全管理知识的传播和普及，还可以提高实验室安全管理的社会认可度。

同时，高校和研究机构还需要加强内部的安全管理培训和教育，提高科研人员和学生的安全意识和安全技能。定期的安全培训、模拟演练可以使实验室人员熟悉安全操作规程和应急预案，提高他们在面对安全事故时的应对能力。此外，还需要加强实验室安全文化的建设，营造一个重视安全、遵守规程的良好氛围。

然而，实验室安全管理的提升是一个漫长而复杂的过程，需要高校和研究机构持续的努力和社会以及学术界的支持。在这个过程中，高校和研究机构需要不断总结经验、发现问题、完善制度，同时也需要加强与社会和学术界的沟通和合作，共同推动实验室安全管理的进步。通过这些努力，我们有理由相信，实验室安全管理将不断迈向更高的水平，为科研事业的发展和社会的进步作出更大的贡献。

第二节　研究目的与方法

一、研究目的

实验室安全管理体系的研究是一项全面而深入的工程，它要求我们从多个角度出发，采取多种方法，以确保实验室的安全、高效运行。这项研究的目的是构建一个综合性的安全管理框架，通过系统化的方法预防和减少实验室安全事故，保护科研人员和学生的生命安全，保障科研工作的顺利进行。

第一，提升实验室人员的安全意识。安全意识是实验室安全管理的基石。实验室人员只有充分认识到安全的重要性，才能在日常工作中自觉遵守安全规程，采取正确的预防措施。因此，研究需要通过教育和培训提高实验室人员对潜在危险的认识，培养他们在面对危险时的应对能力。

第二，完善安全制度。实验室安全管理需要一套完善的制度作为支撑。这包括安全操作规程、应急预案、安全检查制度等。研究需要对现有的安全管理制度进行深入分析，找出其中的不足和缺陷，并提出改进措施，以确保制度的科学性和实用性。

第三，优化管理流程。实验室安全管理涉及多个环节和方面，包括化学品管理、设备使用、废物处理等。研究需要对这些管理流程进行梳理和优化，以提高管理效率，减少安全隐患。这可能涉及流程再设计、职责明确、监督机制建立等。

第四，预防事故发生。通过对实验室环境和操作的持续监控，以及对潜在风险的评估和管理，可以有效地预防事故的发生。研究需要采用风险评估工具，识别和评估实验室中的各种风险，并制定相应的预防措施。

第五，保护人员与资产安全。实验室安全管理的目标之一是保护实验室人员的生命安全和身体健康，同时保护实验室的设施、设备和环境不受损害。研究需要确保所有的安全管理措施能够有效地减少事故发生的可能性，保障人员和资产的安全。

第六，支持科研工作。科研工作需要一个稳定和安全的环境，任何安全事故都可能对科研工作造成严重影响。研究需要确保实验室安全管理措施不会妨碍科研工作的进行，而是为其提供支持和保障。

第七，符合法规要求。实验室安全管理必须遵守国家相关法律法规和标准，这是确保实验室合法运行的基础。研究需要确保所有的安全管理措施符合法律法规的要求，并根据法律法规的变化及时进行调整。

第八，持续改进。安全管理是一个持续的过程，需要不断地评估和改进。实验室需要建立一个持续改进的机制，通过定期的安全检查、风险评估和制度审查不断发现问题，改进管理措施，提高安全管理水平。

二、研究方法

在研究方法上，实验室安全管理体系的研究采用了多种方法，包括文献综述、案例分析、问卷调查、访谈、现场观察等。这些方法相互补充，为研究提供了全面和深入的视角。

文献综述为研究提供了理论基础和前人的经验。通过广泛地阅读和分析相关的文献资料，研究者可以了解实验室安全管理的理论框架、发展历程和当前的研究热点，这有助于构建研究的理论基础，明确研究的方向和重点。

案例分析帮助研究者理解事故发生的原因和处理过程。通过对具体事故案例的深入分析，研究者可以了解事故发生的背景、原因、影响和处理措施，从而为预防类似事故提供经验和教训。

问卷调查和访谈可以收集实验室人员的意见和建议，为研究提供第一手资料。通过设计问卷和进行访谈，研究者可以了解实验室人员对安全管理的看法、需求和建议，这有助于发现实验室安全管理中存在的问题和改进的方向。

现场观察使研究者能够直接了解实验室的安全状况和人员的操作行为。通过现场观察，研究者可以发现实验室环境中的潜在危险和不规范的操作行为，从而为改进安全管理提供直观的依据。

通过使用这些研究方法，实验室安全管理体系的研究能够让实验室人员全面地理解和解决实验室安全管理中的问题，为提高实验室安全管理水平提供科学依据和实践指导。这种研究不仅有助于保护实验室人员的安全，还有助于推动科研工作的顺利进行，具有重要的理论和实践意义。

但需注意的是，实验室安全管理体系的研究是一个持续的过程，需要不断地更新和完善。随着科技的发展和社会的进步，新的安全问题和挑战不断出现，研究也需要不断地适应新的情况，采用新的方法和技术。同时，实验室安全管理也需要与国际标准和实践接轨，学习和借鉴国外的先进经验和做法。

实验室安全管理体系的研究还需要多学科的交叉和融合。安全管理不仅涉及化学、物理、生物等自然科学知识，还涉及管理学、心理学、法学等社会科学知识。因此，研究需要多学科的专家和学者共同参与，从不同的角度和层面进行研究和探讨。

实验室安全管理体系的研究还需要与实践紧密结合。研究成果需要在实际的实验室安全管理中得到应用和验证，才能真正发挥其价值和作用。因此，研究者需要与实验室管理人员、科研人员和学生等进行密切的合作，将研究成果转化为实际的安全管理措施和操作流程。

总之，实验室安全管理体系的研究是一项系统、长期和复杂的工程。它需要我们从多个角度出发，采取多种方法，不断地学习和探索，以构建一个科学、合理、有效的实验室安全管理体系。通过这项研究，我们可以提高实验室安全管理水平，保护实验室工作人员的安全，保障科研工作的顺利进行，为社会的发展和进步作出贡献。

第二章 实验室安全管理体系概述

第一节 实验室管理

实验室管理主要包括实验室任务管理、实验室建设项目管理、实验室资产管理、实验室安全管理、实验室信息管理、实验室人员管理、实验室档案管理、实验室经费管理等。对实验室进行科学管理以确保安全是很重要的。

实验室安全是实验室工作正常进行的基本条件。在不同类型的实验室中，特别是理工类高校的实验室，涉及物理、化学、建筑、动力、机械、电子、核能、医学等众多领域，实验室工作人员不可避免地要接触危险化学品和特种仪器设备等，在进行相关实验操作时存在一定的不安全因素。相关调查资料显示，有近90%的实验室安全事故由人为因素引发。实验室管理不善，如管理措施不力、人员培训缺失、实验操作不当或实验安全意识缺乏等，往往是导致实验室安全事故发生的重要原因。实验室安全事故一旦发生，会对实验室操作人员及周边人群、实验室财产，甚至生态环境造成不同程度的危害。因此，树立"安全第一"的观念，营造安全的实验室工作环境，保护实验室工作人员的健康，是实验室安全管理的主要内容。

一、实验室管理概述

实验室发展的趋势是更加重视搭建大平台，更加重视教学、科研平台的融合，更加重视投入的收益，更加重视对学生能力的培养，更加重视将实验室建设与管理、实验教学改革、实验技术队伍的建设形成合力的三位一体的系统工程的建设，激发正能量，共同服务于人才培养、科学研究和社会服务。

实验室管理是一项复杂的综合系统工程，要保证充分发挥实验室的教学、科研、社会服务三位一体的功能，必须健全和改革实验室管理体制。其中，加强实验室管理、丰富实验室职能、全面提高实验教学水平是培养创新型、应用型人才的关键。实验室功能的发挥依赖于有效的管理，以激发人的主观能动性与创造性，并保证实验教学和科学研究的顺利实施。

比如，创新实验室管理模式，成立实验中心，实行校院两级管理、主任负责制并实体化运行。打破课程之间、专业之间的界限，根据学科发展和学生综合素质的需要，逐步完善实验教学体系。实验室由实验中心统一管理，实验人员实行实验中心聘任制，仪器设备集中管理和使用，并根据实验教学需要合理地配备仪器设备和技术力量，达到最优化，使实验室的技术装备上水平、上档次，最大限度地发挥每一台仪器设备和每一位实验技术人员的作用。仪器设备进行集中管理，统筹安排，解决重复购置问题，充分发挥投资效益；实验技术人员集中管理，协作育人，易于业务培训提高，充分调动人员的积极性和能动性；实验室由实验中心统一调配，综合利用，充分发挥实验室的整体功能，便于向学生、社会开放共享，有利于培养学生实践能力和创新能力，推动素质教育的发展。

保证实验室正常运行，为学校的教学和科研服务，是实验室管理的根本目的。为加强实验室管理，应合理制定实验室管理办法、实验室建设项目管理办法，以及实验室设置与调整管理办法等规章制度，以保证实验教学改革顺利进行，优化和共享实验室的各种优势资源，确保实验室真正发挥其应有的作用，满足新形势下社会发展的需要。

二、建设实验室管理制度

实验室是培养学生实践能力和创新能力的重要场所，是推进素质教育、"科教兴国"战略及建设创新型国家的重要载体。

（一）建设适应应用型本科人才培养的实验室

1. 实验室建设的重要性

实验室是学校基本的办学场所之一，是引导学生进行自主探究、培养学生团队协作精神、提升学生实践能力、锻炼学生探索和创新意识的重要场所和启蒙园地。大力加强实验室建设、积极开展实验教学是培养应用型人才的有效途径。

应用型人才培养目标有三个特征：一是适应现代生产技术发展的需要，具有较强的理论基础和实践能力；二是素质优良、人格健全、作风朴实，毕业后能在岗位上留得住、用得上、干得好；三是不畏艰难、乐于奉献、敢于创新、精于创业，能够为社会创造财富和做出贡献。实验室的建设与学校的定位是紧密相连的，实验室是办学极其重要的基础性条件。实验室的建设是按学校的定位，按照人才培养方案、科学研究、社会服务的要求来综合考虑的。

2. 实验室建设的途径

（1）建设实验室管理体制。实验室建设是一个系统工程，涉及多个方面，如教学单位、科研单位，财务、后勤、各个二级学院、教师和学生等。在这种情况下就要梳理实验室的管理体制，采取集成的办法。集成就是由一个部门相对集中管理，其他单位分工负责。例如，实验室的最高决策机构是实验教学工作指导委员会，负责实验室建设、实验教学等相关事宜的研究、决策工作；教务处负责人才培养方案、实习计划和课时安排的审核与协调工作；二级学院负责具体工作落实到教学、落实到教师，并做好学生组织工作；实践教学中心既要提供实验技术指导，又要管好实验室，要维护整个设备的正常运行和实验平台的构建优化。

　　管理体制直接影响管理效果，校院两级实验室管理体制具有良好的功能。一是很好地解决了实验室分散设置、效率低、互争资源、功能不完善的问题，避免了重复设置和资源浪费。二是集中了人力和物力资源，采取结构优化、资源共享、专管共用的方式，避免了设备与实验室的闲置浪费，有效提升实验室的利用率以及实验环境的安全性、实用性和舒适性。三是为学生进行跨专业、跨学科训练以及进行素质教育提供了综合实训平台。四是建立健全、统一的实验室管理制度，严格执行各项规章制度，定期检查、评估实验室的使用、维修、管理情况。五是建立健全岗位责任制，明确岗位及职责范围，做到责任到人。实验室的管理人员都能明确自己应承担的责任和义务，从而为完成教学大纲规定的实验项目和学生培养任务提供制度保障，把实验教学、改革落到实处。

　　（2）不断改善实验条件。实验教学作为本科教学的一个重要组成部分，其教学手段的信息化、网络化也是大势所趋。利用计算机技术生动、形象、直观地模拟实验，不仅有利于激发学生的学习兴趣，提高学生的观察能力，还解决了当前实验室硬件设备落后、偏少的问题，大大提高了实验教学质量。我们要充分利用学校网络教育资源，使其发挥应有的作用。要充分发挥现代教育技术的特点，使教师掌握更多现代实验教学的理论、方法和技巧，并开发辅助实验教学软件。要增加多媒体教室，探索校园网升级改造及扩容工程，以服务教学。

（二）建设高校实验室管理制度

　　近年来，我国高校提出了"宽知识、厚基础、应用型"的人才培养模式。实验室教学作为高校教学工作的重要内容之一，更是承载着这一人才培养模式的历史使命。然而在实践中，我国高校实验室仍然存在着管理不到位、效能发挥作用不甚明显等问题，而究其原因，制度构建不合理是关键。

1. 制度建设在高校实验室管理中的重要作用

　　高校实验室管理涉及人、财、物等诸多活动，根据现代管理理念，需要将其有机地融合在一起，实现科学、规范的管理效能。这其中，制度建设是必不可少的内容。

制度建设是高校管理实验室的必要条件。现代高校实验室堪称先进，各种声、光、电等实验仪器比较健全，并且指引着社会生产力的发展，而要对这些要素进行充分整合，制度建设必不可少并且非常重要。

制度管理是提高高校实验室管理效益的重要手段。在当前我国教育发展大形势下，高校实验室有着一定的效益属性，不仅包括降本增效的管理效益，还包括实验室的成果产出效益。为了保障高校实验室的规范运作和产出效益，加强制度建设必不可少。

制度管理是高校实验室技术队伍成长的可靠保证。高校实验室设立的初衷是满足教学的需要，培养有实用技术、有创新精神的人才。而对于现代化人才来说，除了理论知识素养，实用技术也很重要。因此，从这个意义上来说，好的制度设计和管理，将有利于高校师生掌握更多的实验技能，并为实验中更多的创新和创造奠定基础。

2. 高校实验室管理制度建设的对策和措施

高校实验教学肩负着提高学生动手能力和科学素养的重任，也是我国实施素质教育和科教兴国战略的重要载体。根据现代教育的发展理念，我国当务之急是改革高校实验室管理体制和机制，用良好的制度设计出符合各高校实际的、科学的、规范化的实验室运行规则，推进实验室良好效能的实现。

（1）强化高校实验室管理理念的更新。高校实验室的管理需要制度，这种规则和理念必须深入高校的各级管理者和执行者心中，特别是具体施教的实验室管理人员和接受教育的学生。同时，与制度理念相伴随的标准化管理理念、人性化管理理念、全过程管理理念等，必须在具体实践中得以加强，并通过一系列规范程序和科学制度设计，提升高校实验室管理制度效能。

（2）加强高校实验室师资队伍建设。可以从以下三方面入手。

第一，加强高校实验室人员的职业技术制度建设，将实验室专业技术人员纳入高校教师的队伍进行统一管理，给予实验室专业技术人员良好的职业发展平台，使其对自己的工作产生认同感，激发其主人翁意识和主观能动性。

第二，加强高校实验室师资队伍的激励机制建设，对其工作内容进行科学绩效设计，赋予工作任务完成情况、创新指标、教学指标、学生满意度、管理成效指标等不同的考核权重，采取百分制的方式进行打分，并将考核结果与经济收入挂钩。

第三，加强高校实验室师资队伍的培训开发制度建设，推进实验室师资队伍的创新体系建设，并以此来培养学生的实践理念和创新思维。

（3）加强仪器设备管理，确保实验安全。可以从以下三方面入手。

第一，在实验设备仪器购置方面要加强论证，确保有限的资金用在最需要的地方，减少重复购置现象，提高仪器设备的利用率。

第二，高校实验室要树立良好的服务理念与效益理念，即全心全意、尽职尽责地为整个教育教学活动服务，从整体的角度对实验设备中心进行有效规划与管理。特别是那些高精端的仪器设备，必须推行专人专管制度，从使用到维护，把责任落实到个人，避免因操作不当造成仪器设备故障。

第三，创建安全的实验室管理环境。安全靠人和制度共同促进。特别是在制度建设方面，要对一些影响安全的因素进行实时监控，并出台相应的管理方案和应急预案，将潜在的危险因素杜绝在萌芽状态。

（4）加强高校实验室的教学制度建设。可以从以下两方面入手。

第一，制订切实可行的实验教学计划，并在充分吸收现代教育理念的基础上，按照学生的需求和教育大纲的安排，尽可能多地安排学生通过实践提升理论知识，实现理论与实践相得益彰。其中最容易被忽视的一点是，高校实验室一般遵循呆板的教学大纲进行实验设计，对最直接的教学对象——学生的学习兴趣和接受能力考虑不足，这些必须在高校实验室制度设计中进行考虑并体现。

第二，实施灵活有效的实验教学方法，为创新实验教学设计出良好的制度模式。创新是国家发展的历史使命，也是社会进步的基本要素。因此，高校实验教学作为教学的一种重要方式，一定要从实验的组织、方法等方面进行创新，摒弃以往机械灌输的方式，给予学生参与的机会，并利用创新的手段激发学生的科学潜力，提高学生运用现代化技术的能力。

（5）加强高校实验室财务管理制度建设。可以从以下两方面入手。

第一，严格财务纪律，杜绝财务管理漏洞。近年来，一些高校发生的科研经费被盗用或挪用的现象比较突出。高校作为育人的场所，一定要用更高的标准来要求自己，在社会上塑造高等教育圣洁、崇高的形象。

第二，加强审计及外部监督。高校实验室的财务运作逐渐自成体系，根据现代监督理念，高校应在加强自身建设的同时，适时引入外部监督，包括聘请专业审计部门进行年度审计，这是保障实验室科学、规范运作的重要制度设计。

（6）打造开放的高校实验室制度体系。高校作为一个传播知识的教育场所，应秉承开放的现代教育理念，海纳百川、共享交流，以促进学生知识的增长和综合素养的养成。一般来说，高校实验室的开发包括运作程序的开发和知识成果的开发；高校实验室的开放包括向校内学生开放和向社会开放等，而这些都离不开制度的规范和促进。

在高校实验室的开发方面，当务之急要做到两个方面。一方面是实验资源的开发，特别是在高校自身经费有限的前提下，吸引社会资源共建实验室。这是一个好的制度尝试。另一方面是要通过良好的激励制度设计，鼓励实验室成果走向社会，实现产业化经营后的良好效益。

在高校实验室的开放方面，当务之急要做到两个方面。一方面是在各高校建立统一的实验室管理系统，打破过去各"系"为政的小圈子，必要时可以联合相关高校共建实验室，甚至可以将实验室独立于高校进行单独运作和管理。另一方面是建立起学生在实验室开放学习的制度，适时引入更大范畴的交流共享体制，以提升实验室的教学效能。

实验室的建设是一项复杂的系统工程，无论是新建、扩建还是改建项目，都不是单纯地选购合适的仪器设备，还要综合考虑实验室的总体规划、布局和平面设计，以及供电、供水、供气、通风、安全措施等基础设施和基本条件，需要以高瞻远瞩的全局意识和战略观点，以高校的总体发展为目标，以培养学生的实践能力和创新能力为基础，对实验室的人员、仪器设备等资源进行统筹规划和科学配置。

第二节 实验室安全管理的重要意义

实验室安全管理的重要意义是多方面的，它不仅关系实验室人员的生命安全和身体健康，还直接影响科研工作的顺利进行和科研成果的质量。以下是对实验室安全管理重要意义的详细阐述。

一、保障人员安全

实验室中经常使用各种危险化学品、生物材料、放射性物质等，这些物质如果管理不当，可能对实验室人员造成严重伤害。有效的安全管理可以最大限度地减少事故发生的风险，保护实验室人员的安全。

实验室安全管理的核心目标是保障人员安全，这是由实验室独特的工作环境和使用的特殊物质所决定的。实验室中使用的危险化学品、生物材料、放射性物质等，每一种都带有潜在的危险，如果管理不当，不仅可能对实验室人员的身体造成伤害，甚至可能引发严重的安全事故，导致不可挽回的损失。

有效的安全管理首先需要对实验室中使用的所有物质进行严格的分类和评估，了解它们的性质、危害以及可能引发的安全问题。这包括对化学品的物理和化学性质、生物材料的感染性和放射性物质的辐射强度等进行全面的了解和记录。通过分类和评估可以确定每种物质的安全等级，并制订相应的安全管理措施。

在了解物质的基础上，实验室需要制定严格的操作规程和安全指南，确保所有人员在使用这些物质时使用正确的方法。这些规程和指南应涵盖从物质的获取、存储、使用到处置的每一个环节，确保所有操作都在安全的条件下进行。同时，实验室还应提供必要的个人防护装备，如实验服、安全眼镜、手套、口罩等，并确保所有人员能够正确使用这些装备。

除了操作规程和个人防护，实验室还需要建立完善的安全培训体系。通过定期的安全培训提高实验室人员的安全意识和操作技能。培训内容应包括安全知识、操作规程、应急处理等，确保每位实验室人员能够熟练掌握。此外，实验室还应鼓励相关人员参与安全讨论和反馈，通过交流和分享不断提高安全管理的水平。

安全管理还涉及实验室的物理环境，包括实验室的布局、通风系统、消防设施等。合理的实验室布局可以减少物质之间的交叉污染和意外接触的风险；有效的通风系统可以及时排出有害气体和粉尘，保护实验室人员呼吸安全；完备的消防设施可以在火灾等紧急情况下提供必要的保护。这些物理环境的改善是保障实验室人员安全的重要方面。

在安全管理中，应急预案和演练也是不可或缺的。实验室应针对可能发生的各种安全事故制定详细的应急预案，并定期进行演练。演练可以检验预案的可行性，提高人员的应急反应能力和自救互救技能。在紧急情况下，这些预案和演练可以有效地减少事故的损失，保护人员的安全。

此外，实验室还需要建立有效的安全监督和反馈机制。通过定期的安全检查和评估，发现并解决潜在的安全隐患。同时，鼓励实验室人员积极报告安全问题和提出改进建议，形成全员参与的安全管理模式。这种监督和反馈机制有助于持续改进安全管理，提高实验室的安全水平。

二、维护科研环境稳定

实验室是科研工作的重要场所，一个安全、稳定的环境有助于科研人员集中精力进行研究。进行实验室安全管理有助于确保实验室运行不受安全事故的干扰，为科研工作提供稳定的环境。

实验室作为科研工作的核心场所，其稳定性对科研人员的工作效率和科研成果的质量具有决定性的影响。安全管理在维护这一稳定性中扮演着至关重要的角色，它通过一系列综合性措施确保实验室运行不受安全事故的干扰，为科研工作提供一个安全、稳定、高效的环境。

第一，安全管理通过对实验室内潜在风险的识别和评估，建立起一套预防机制。这包括对实验室内所有化学品、生物制剂、放射性物质等进行分类管理，确保每一种物质都按照其危险性进行妥善存储和使用。通过对这些物质的严格管控，可以大幅度降低意外泄漏、火灾、爆炸等事故的发生概率，从而保障实验室环境的稳定性。

第二，安全管理要求制定和执行一系列标准操作程序，这些程序详细规定了实验过程中的每一步操作，包括但不限于设备的使用、实验的步骤、废弃物的处理等。这些标准化的操作程序不仅有助于提高实验的可重复性，还是确保实验过程中不出现操作失误导致安全事故的关键。

第三，安全管理包括对实验室环境的持续监控和维护。这涉及实验室的物理环境，如温度、湿度、通风、照明等，这些因素都可能影响实验的进行和科研人员的健康。定期检查和维护实验室的设施设备可以确保实验室环境始终处于最佳状态，为科研人员提供一个舒适、安全的工作环境。

第四，安全管理强调对科研人员的培训和教育。通过定期的安全培训，提高科研人员的安全意识和应急处理能力。这些培训内容包括安全知识的普及、安全技能的传授、应急预案的演练等，确保每位科研人员能在遇到紧急情况时做出正确的反应，减少事故对实验室环境稳定性的影响。

第五，安全管理涉及对实验室访问和使用的严格控制。通过设立门禁系统、访客登记制度等措施，限制非授权人员的进入，防止潜在的安全风险。这种控制也有助于保护实验室内的贵重设备和敏感数据，确保科研工作的连续性和完整性。

第六，实验室的应急预案是安全管理中不可或缺的一部分。通过制定详细的应急预案，包括火灾、化学品泄漏、生物安全事故等可能发生的紧急情况，并定期进行演练，确保在真正的危机发生时，所有人员能迅速、有序地采取行动，将事故对实验室环境的影响最小化。

第七，安全管理还包括对实验室废弃物的妥善处理。建立合理的废弃物分类、收集、存储和处置流程，可以防止有害物质对实验室环境和人员健康造成危害。这种对废弃物的有效管理也是维护实验室环境稳定性的重要措施。

三、提高科研效率

实验室安全管理对于提高科研效率具有至关重要的作用。通过规范操作流程、提供安全培训等措施，安全管理确保科研人员能够掌握正确的操作方法，减少因操作不当导致的实验失败或重复工作，从而提升科研工作的效率和质量。

第一，安全管理通过制定和实施标准操作程序，为科研人员提供了一套明确的实验指南。这些标准操作程序详细描述了实验的每个步骤，包括材料的准备、设备的使用、实验的具体操作以及数据的记录等。科研人员遵循这些标准操作程序可以确保实验的一致性和可重复性，减少由于操作错误导致的实验失败，从而节省时间和资源。

第二，安全管理通过提供全面的安全培训帮助科研人员了解和掌握实验室中使用的各种设备和化学品的安全使用知识。这些培训包括但不限于化学品的安全存储和处理、生物安全的防护措施、辐射安全的防护原则等。通过这些培训，科研人员能够在实验过程中采取正确的安全措施，避免安全事故的发生，保障实验的顺利进行。

第三，安全管理还涉及对实验室环境的维护和优化。一个良好的实验室环境，包括适宜的温度、湿度、通风和照明条件，对于实验的准确性和科研人员的工作效率至关重要。

第四，安全管理还强调对实验室设备的维护和校准。科研工作依赖于精确的实验数据，而准确的数据来源于精确的实验设备。安全管理确保所有设备都按照制造商的建议进行定期的维护和校准，以保证其性能的稳定性和测量的准确性。这有助于减少由于设备故障或误差导致的实验失败或重复工作。

第五，在安全管理中，对实验室废弃物的处理也是一个不可忽视的环节。及时和正确的废弃物处理不仅有助于保护实验室环境，避免其对实验结果产生干扰，还能够确保科研人员的健康和安全。通过建立合理的废弃物分类、收集、存储和处置流程，可以有效地减少实验室内的污染和潜在的安全隐患。

第六，安全管理还包括对实验室信息的管理和共享。通过建立有效的信息管理系统，科研人员可以方便地获取所需的实验数据和文献资料。这种信息的共享和流通有助于科研人员避免重复他人的工作，提高科研工作的效率和创新性。

第七，安全管理需要实验室管理层的持续关注和投入。管理层需要认识到安全管理在提高科研效率中的重要作用，并为其提供必要的支持。

实验室安全管理通过规范操作流程、提供安全培训、维护实验室环境、确保设备精确性、正确处理废弃物、共享管理信息等多方面的措施，为科研人员提供一个安全、高效、创新的科研环境。这些措施有助于减少实验失败和重复工作，提高科研效率，促进科研成果的产出，推动科学和技术的进步。

四、保护科研成果

科研成果往往需要长时间的积累和实验验证，一次严重的安全事故可能导致宝贵的科研数据和样本出现损失。而安全管理可以保护科研成果免受意外损失。

保护科研成果是实验室安全管理的重要职责之一，因为科研成果的积累和验证往往需要科研人员投入大量的时间和精力。科研成果的损失不仅会阻碍科研工作的进展，还可能导致重大的经济损失和科学发展的延迟。因此，通过有效的安全管理措施确保科研成果的安全，对于实验室的稳定运行和科研事业的持续发展至关重要。

第一，安全管理需要确保实验室环境的稳定性。这包括对实验室的物理条件进行严格控制，如温度、湿度、光照、振动等，因为这些因素都可能影响实验数据的准确性和样本的保存状态。建立和维护适宜的实验室环境可以为科研成果的生成和保存提供必要的条件。

第二，安全管理要求对实验室内的化学品、生物材料、放射性物质等潜在危险源进行严格管理。这包括对这些物质的采购、存储、使用、处置等各个环节进行规范，以防止意外泄漏、污染或其他安全事故的发生。通过实行严格的物质管理，可以避免因危险物质引发的安全事故对科研成果造成损害。

第三，安全管理涉及对实验室设备的维护和校准。设备的正常运行对于实验数据的准确性至关重要。定期的设备维护和校准可以确保实验数据的可靠性，从而保障科研成果的有效性。同时，这也有助于避免因设备故障导致的实验中断或数据丢失。

第四，安全管理包括对实验室数据的保护。科研数据是科研成果的重要组成部分，需要通过适当的数据管理措施来确保其安全。这包括数据的备份、存储、访问控制等。建立数据管理系统可以实现数据的有序存储和快速恢复，防止数据丢失或损坏。

第五，安全管理关注实验室废弃物的处理。及时和正确的废弃物处理不仅可以防止环境污染，还可以避免废弃物对科研成果产生潜在影响。通过建立合理的废弃物分类、收集、存储和处置流程，可以确保实验室环境的清洁和科研成果的安全。

第六，实验室应急预案的制定和演练也是安全管理的重要组成部分。通过制定详细的应急预案并进行定期演练，科研人员可以在遇到紧急情况时迅速采取正确的应对措施，最大限度地减少事故对科研成果的影响。这种对事故的有效管理有助于保持科研工作的连续性和稳定性。

第七，安全管理还涉及对科研人员的安全教育和培训。提供全面的安全教育和培训，科研人员可以掌握必要的安全知识和技能，提高对潜在危险的识别和应对能力。这不仅有助于保护科研人员的人身安全，还有助于保护科研成果免受意外损害。

第八，安全管理需要实验室管理层的持续关注和投入。管理层需要认识到安全管理在保护科研成果中的重要性，并为其提供必要的资源和支持。通过定期评估和改进安全管理措施，实验室可以不断优化科研环境，提升科研成果的安全性。

五、提升实验室声誉

实验室的安全管理不仅关乎实验室日常工作的顺利进行和科研人员的福

祉，还是提升实验室声誉的关键因素。一个在安全管理方面表现出色的实验室能够在学术界和社会中建立起良好的形象，从而吸引优秀的科研人才和资金的投入，为实验室的长远发展打下坚实的基础。

第一，安全管理得当的实验室能够展现出其对科研质量和科研人员安全的高度责任感。这种责任感是学术界评价实验室声誉的重要标准之一。通过严格遵守安全规程和操作标准，实验室能够确保科研活动的顺利进行，减少事故发生的风险，保障科研人员的健康和生命安全。这种对安全承诺的坚守能够增强学术界对实验室的信任和尊重。

第二，安全管理的有效实施能够提高实验室的科研效率和成果质量。科研人员在一个安全、稳定的环境中能够更加专注于科研工作，发挥其专业技能和创新能力，从而提高科研成果的产出和影响力。优秀的科研成果不仅能够提升实验室的学术声誉，还能够吸引更多的科研人员和资金投入，形成良性循环。

第三，安全管理得当的实验室能够吸引科研人员。科研人员在选择工作场所时，除了考虑科研条件和资源，也会重视实验室的安全管理水平。一个在安全管理方面表现出色的实验室能够为科研人员提供一个安全、健康、高效的工作环境，这对于吸引和留住优秀科研人才具有重要意义。

第四，实验室的安全管理还涉及对实验室设施和设备的维护。良好的设施和设备不仅能够提高科研效率，还能提升实验室的声誉。通过定期的维护和更新，实验室能够确保设施和设备处于良好运行状态，为科研人员提供先进的科研条件。

第五，安全管理的有效实施还能够增强实验室的国际合作和交流。在全球化的科研背景下，实验室需要与世界各地的科研机构进行合作和交流。一个在安全管理方面表现出色的实验室能够展现出其专业性和可靠性，从而吸引更多的国际合作伙伴。

安全管理得当的实验室能够在学术界和社会中建立起良好的形象和声誉。这种声誉的提升不仅能够吸引优秀的科研人才和资金投入，促进实验室的科研创新和学术发展，还能够提高实验室的社会影响力和竞争力，为实验室的长远发展提供坚实的基础。

六、应对紧急情况

实验室安全管理的核心组成部分之一是应对紧急情况。这种应对紧急情况的能力是通过周密的应急预案和定期的演练来培养的，确保在危机真正发生时，实验室人员能够迅速、有效地采取行动，最大限度地减少事故造成的损失。

第一，应急预案的制定是实验室安全管理的基石。这些预案需要针对可能发生的各种紧急情况，如化学品泄漏、火灾、爆炸、辐射事故、生物安全事件等，制定详细的应对措施。预案中应包括事故的识别、报警程序、紧急疏散路线、人员责任分配、应急物资的使用、事故控制和处理步骤等。这些预案需要根据实验室的具体情况和潜在风险进行制定，确保其实用性和针对性。

第二，应急预案的有效性需要通过定期的演练来验证和提高。演练可以帮助实验室人员熟悉紧急情况下的行动流程，提高他们的应急反应能力和协作能力。演练的形式可以多样，包括桌面演练、模拟演练和全面演练等。桌面演练主要通过讨论来检验预案的合理性，模拟演练则通过模拟事故场景来测试人员的实际操作能力，全面演练则是对整个应急预案的全面检验。

第三，实验室安全管理还需要建立有效的应急通讯系统。在紧急情况下，快速准确的信息传递至关重要。实验室应建立一个覆盖全体人员的通讯网络，确保在紧急情况下能够迅速通知到每个人。实验室还应与外部救援机构建立联系机制，确保在需要时能够及时获得外部支援。

第四，实验室的应急设施和物资也是应对紧急情况的重要保障。这包括消防设施、紧急洗眼站、安全淋浴、急救箱、防护装备、事故处理工具等。这些设施和物资需要定期检查和维护，确保其处于良好的可用状态。同时，实验室人员需要了解这些设施和物资的使用方法，以便在紧急情况下能够迅速使用。

安全管理得当的实验室能够在面对紧急情况时做到快速反应、有效应对，减少事故造成的损失。这种能力不仅有助于保护实验室人员的安全和健康，保护实验室的设施和科研成果，还能够维护实验室的正常运行和声誉。一个能够有效应对紧急情况的实验室能够在科研界和社会中建立起良好的形象和信誉，为实验室的长远发展提供坚实的保障。

七、支持可持续发展

实验室安全管理在支持可持续发展方面发挥着至关重要的作用。通过有效的安全措施，实验室不仅能够保护科研人员的健康和安全，保障科研工作的连续性和科研成果的质量，还能够对环境进行保护，促进科研工作的长期可持续性。

第一，实验室安全管理包括对废弃物的合理处理。废弃物可能含有有害物质，如果处理不当，会对环境造成严重污染。实验室需要建立严格的废弃物分类、收集、存储和处理制度，确保所有废弃物都能得到安全、合规的处理。这不仅涉及废弃物的物理处理，还包括对废弃物处理过程中可能产生的二次污染的控制。

第二，实验室安全管理需要减少有害物质的排放。在实验过程中可能会使用一些有害化学品或产生有害废气。实验室需要采取措施减少这些有害物质对室内空气和外部环境的影响。此外，实验室还需要对排放的废气进行监测和控制，确保其符合环保标准。

第三，实验室安全管理还涉及对能源和资源的节约使用。实验室在日常运行中会消耗大量的水、电、气等资源。通过采取节能措施，如使用节能设备、优化实验设计、提高资源使用效率等，实验室可以减少对资源的消耗，降低实验对环境的影响。

第四，实验室安全管理还关注实验材料的选择和使用。在选择实验材料时，实验室应优先考虑环保、可再生的材料，减少对环境的负担。在使用这些材料时，实验室需要采取措施，如减少一次性塑料制品的使用、回收利用实验废弃物等，提高材料的循环利用率。

第五，实验室安全管理还涉及对生物安全的管理。在涉及生物材料的实验中，实验室需要采取措施，防止生物材料对环境和公众健康造成威胁。这包括对生物材料的严格管理、对实验过程的监控、对生物废弃物的安全处理等。

第六，实验室安全管理还涉及与外部环保机构和社区的合作。实验室可以通过环保机构了解最新的环保法规和标准，确保实验室的安全管理措施符合这些要求。同时，实验室还需要与社区进行沟通，了解社区对实验室环境影响的关切，提高实验室的透明度和公信力。

第七，实验室安全管理需要持续的改进和创新。面对不断变化的环境挑战和科研需求，实验室需要不断更新和完善安全管理措施，采用新的技术和方法提高安全管理的效率和效果，以更好地适应环境变化，实现科研工作的可持续发展。

安全管理措施得当的实验室能够在保护科研人员、保障科研工作的同时，对环境进行有效保护，实现科研工作的可持续发展。这种可持续发展不仅有助于提高实验室的社会责任感和公信力，还能够为实验室建立起良好的形象和声誉，为实验室的长远发展提供强大的支持。

八、增强公众信任

通过公开、透明的安全管理措施，实验室可以增强公众对其科研活动的信任，促进科学知识的传播和社会的科学素养提升。

实验室安全管理的公开透明对于增强公众信任至关重要。在一个信息高度流通的社会，公众对科研活动信任与否往往取决于他们能否获得关于这些活动的充分信息，以及这些活动是否以负责任的方式进行。通过有效的安全管理措施，实验室可以向公众展示其对安全、环境保护和社会责任的承诺，从而建立起公众的信任。

第一，公开、透明的安全管理措施意味着实验室需要主动分享其安全政策、操作规程和应急预案。这些信息的公开可以让公众了解实验室是如何预防和应对潜在的安全风险的。通过发布年度安全报告、安全手册和在线安全资源，实验室可以向外界展示其对安全管理的重视和专业性。

第二，实验室可以通过组织公众开放日、在线直播讲座和互动研讨会等活动，让公众更直观地了解实验室的安全实践。这些活动不仅可以展示实验室的设施和日常运作，还可以提供机会让科研人员解释他们的工作和安全措施的重要性。通过这种互动，公众可以更加深入地理解科研活动，并建立起对实验室的信任。

第三，实验室应积极回应公众对安全问题的关切。在发生安全事故或环境问题时，实验室应及时、透明地向公众通报情况，并说明采取的应对措施。这种开放的态度有助于减少误解和恐慌，增强公众对实验室问题处理能力的信心。

第四，实验室还应与社区建立良好的沟通渠道，通过社区咨询会议、问卷调查和反馈机制等方式，收集公众对实验室活动的意见和建议。这种参与感和被听取的感觉可以增强公众对实验室的信任，并促进实验室不断改进其安全管理措施。

第五，实验室需要在科研活动中展现道德和社会责任。这包括确保实验的伦理性、保护实验对象的权益、减少对环境的影响等。通过这些负责任的行为，实验室可以向公众展示其对社会责任的承担，从而赢得公众的尊重和信任。

第六，实验室还应鼓励科研人员参与公众科学教育和科普活动。科研人员通过撰写科普文章、参与学校教育项目和社区科学节等活动，帮助公众更好地理解科学知识，提高公众的科学素养。这种教育和科普活动不仅有助于传播科学知识，还能够增强公众对科研活动的信任。

第七，实验室需要持续评估和改进其安全管理措施。通过定期的安全审查、风险评估和公众反馈分析，实验室可以不断优化其安全管理实践，确保其始终符合最新的安全标准和公众期望。这种持续改进的态度有助于展示实验室对安全的承诺，并增强公众对实验室的信任。

总之，实验室安全管理是科研工作顺利进行的基础，是保障人员安全、维护科研环境稳定、提高科研效率、保护科研成果、提升实验室声誉、应对紧急情况、支持可持续发展和增强公众信任的重要保障。通过有效的安全管理，实验室能够为科研人员提供一个安全、健康、高效的工作环境，推动科学研究的深入发展。

第三节 实验室安全管理体系的框架与要素

一、实验室安全核心价值体系

实验室是高校开展人才培养、科学研究和社会服务活动的重要场所，是培养学生社会责任感、创新精神和实践能力的前沿阵地，是提高学生科学素养和综合素质的重要基地。随着高校办学实力和办学水平的提高，与高校实验室条件快速发展不协调的是实验室安全事故仍有发生，成为实验室健康发展的不和谐音，从而引起高校和社会越来越多的关注。保障实验室的安全是开展教学、科研、社会服务等工作的基础性工作。作为高校科研的重要场所，实验室一旦出现安全事故，社会关注度高、传播扩散速度快，不仅影响高校的正常教学秩序，还会影响社会稳定。如何持续完善科学、有序的实验室安全工作体系，更好地保障实验室正常运行，保障师生的安全健康，已经成为摆在高校实验室管理工作者前面的一项重要工作。

（一）安全应成为实验室建设、运行的前提和基础

实验室安全是实验室建设、运行的前提和基础。实验室建设首先应考虑安全因素，做好安全的顶层设计。实验室的安全要内化于心、外化于行。实验室相关管理人员要树立安全理念，将安全思想装在脑子里、体现在工作中、落实在细微处。

（二）安全应从珍视生命和财产安全考量

现实中发生的安全事故均会带来大小不一的财产损失，有些甚至危及人的生命，给国家、单位和家庭带来无法弥补的损失。一次次的惨痛教训带给人们很多启示，实验室的安全不能等，必须从小事做起、从点滴做起、从现在做起，对安全进行系统设计。加强高校实验室安全环保管理工作迫在眉睫。

二、实验室安全管理组织体系

（一）组织体系建立的必要性

高校实验室种类繁多，规模较大，承载着繁重的研究任务，而出入实验室

的人员的素质参差不齐，这就决定了实验室管理工作的复杂性。要确保实验室安全、有序地运行，必须建立一套科学的组织体系。

（二）组织体系构架与职责

结合实际，学校应构建"横向到边、纵向到底、无缝链接"的"学校、学院、实验室"三级安全管理组织架构，在管理的每个阶段、每个环节逐级签订安全管理责任书，做到"谁主管谁负责、谁管理谁负责、谁使用谁负责"。普遍来看，实验室安全管理的组织体系分为决策层、管理层、执行层、督导层。

1. 决策层

决策层一般为学校成立的安全管理委员会或者安全管理领导小组，由主要分管领导任主任或组长，其职责为贯彻落实相关法律法规及方针政策，组织实施学校实验室技术安全规划和工作；审议经费投入、事故处理等实验室技术安全重大事项；议定实验室安全管理的重大问题及事项，对实验室安全事故进行裁决；协调、指导有关部门落实相关工作等。

2. 管理层

管理层为学校实验室安全管理的职能部门，如保卫处、实验室管理处及各二级单位的管理部门，主要负责建立实验室安全管理责任体系和应急预案；制定安全检查项目规范或指标体系，提出责任追究建议并报领导小组决定；分析评估各项隐患并提出整改方案，开展安全事故技术鉴定等工作；推进实验室技术安全防范公共设施的硬件建设，完善实验室技术安全工作信息化建设等。

3. 执行层

执行层为各级各类实验室，负责人一般为实验室或实验中心主任及各项目组负责人。其职责为具体落实实验室安全管理的具体事项，负责落实实验室技术安全规章制度，组织开展学校安全检查及专项检查工作，完善实验室安全管理软硬件条件建设，及时排除安全隐患，发现实验室安全管理各种问题并向管理机构进行汇报等。

4. 督导层

督导层为学校或学院聘用的安全督查队伍，一般由两支队伍组成，一支为由实验室工作岗位上退休的老教师组成，采取现场督导或者网上视频监控的方法，及时发现实验室运行中的不规范行为及安全隐患，并及时向相关管理部门报告。另一支为由学生组成的检查队伍，这支队伍主要进行例行安全及卫生状况检查，做好记录，及时向实验室报告检查情况，由实验室决定是否进行整改。

（三）相关人员的具体职责

1. 实验室负责人的具体职责

实验室负责人是实验室安全的第一责任人，对所有实验室工作人员和实验室来访者的安全负责，主要责任应包括以下方面：实验室负责人应负责安全管理体系的设计、实施、维持和改进。为实验室所有人员提供履行其职责所需的适当权力和资源。建立机制以避免管理层和实验室工作人员受任何不利于其工作质量的压力或影响（如财务、人事或其他方面），或卷入任何可能降低其公正性、判断力和能力的活动。规定实验室工作人员的职责、权力和相互关系。对所有实验室工作人员、来访者、合同方、社区和环境的安全负责。主动告知所有实验室工作人员、来访者、合同方可能面临的风险。尊重员工的个人权利和隐私。保证实验室设施、设备、个体防护设备、材料等符合国家有关的安全要求，并定期检查、维护、更新，确保不降低其设计性能。为实验室工作人员提供符合要求的适用防护用品、实验物品和器材。保证实验室工作人员不疲劳工作和不从事风险不可控制的或国家禁止的工作。为实验室工作人员提供持续培训及继续教育的机会，保证实验室工作人员可以胜任所分配的工作。为实验室工作人员提供必要的免疫计划、定期的健康检查和医疗保障。指定一名安全负责人，赋予其监督所有活动的职责和权力，包括制订、维持、监督实验室安全计划的责任，阻止不安全行为或活动的权力，直接向决定实验室政策和资源的负责人报告的权力。

2. 生物安全负责人的具体职责

负责制订并向实验室负责人提交活动计划、风险评估报告、安全及应急措施、实验室工作人员培训及健康监督计划。负责实验室生物安全保障以及技术方面的咨询工作。定期对实验室生物安全进行检查。负责实验室应急预案的演练与实施等。负责实验室工作人员的培训、考核及其日常工作的监督。纠正违反生物安全操作规程的行为。及时向实验室负责人和生物安全委员会汇报实验室发生的生物安全事故或存在的生物安全隐患，协助事故的调查及处理等。

3. 实验室工作人员的具体职责

充分认识和理解所从事工作的风险，自觉遵守实验室的管理规定。在身体状态许可的情况下，接受实验室的免疫计划和其他的健康管理规定。按规定正确使用设施、设备和个体防护装备。主动报告可能不适于从事特定任务的个人状态。不因人事、经济等任何压力而违反管理规定。有责任和义务避免因个人原因造成生物安全事件或事故。如果怀疑个人受到感染，及时分析、查找原因，并立即报告。

三、实验室安全管理制度体系

（一）实验室安全管理制度

在现代安全管理理念中，事故致因理论明确将人的不安全行为、处于不安全状态的物、带有安全隐患的环境和管理体制的缺陷作为引发安全问题的四个最基本原因。无论是人的行为还是物的状态的监督，以及管理的漏洞等，均与实验室安全管理制度有密切联系。建立实验室安全管理制度实属必要。一套完善的管理制度应包括：明确安全工作谁来管、解决安全管理如何管、出现问题如何办、安全责任谁来担。

1. 明确安全工作谁来管

从高校实际情况来看，实验室安全管理中的最大问题是对实验室安全管理的职责不甚明确，要么多头管理，要么分割管理，要么无人管理。科学的管理制度要厘清实验室安全管理的主体机构和主责部门，划清各自的责任和主要任务，既要分工明确又要通力合作，以实现协同管理。高校实验室安全管理部门一般为保卫处、实验室设备处、后勤处等部门，应有制度明确界定各自责任、任务、范围等，确保实验室安全有序运行。另外，二级单位也要建立相应的安全管理责任体系，层层落实安全管理责任。

2. 解决安全管理如何管

实验室安全管理涉及的范畴比较广，有化学品、生物、辐射、电气、机械、排污、仪器设备、安全教育等方面。学校要根据自身学科、专业情况，因地制宜地制定各种规章制度，既要有宏观管理制度，又要有微观操作制度；既要体现完整性，又要有实操性；既要科学，又要具体。每项制度都要明确适用对象、具体流程等。

3. 出现问题怎么办

危及实验室安全的最大问题是放射性污染、电离辐射、化学品损伤、火灾、中毒等，学校应制定重大事件应急预案。实验室应结合实际情况，根据安全评价结果，分别制定相应的应急预案，形成体系，相互衔接，并按照统一领导、分级负责、条块结合、属地为主的原则，同公司和相关部门应急预案相衔接，落实应急措施并进行应急预案演练、评审，发生事故后紧急启动和实施应急预案。应急预案的内容包括目的与适用范围、单位基本情况、危险源与风险分析、组织机构及职责、应急流程、应急操作程序、应急预案培训与演练要求等内容。

4. 安全责任谁来担

既然任何一件安全责任事故都可能是由人的不安全行为、物的不安全状态和管理缺陷造成的，为避免同样的事故再次发生，应引入实验室技术安全责任追究制度，做到事出有因、追责有果。逐渐建立实验室安全责任体系，明确教学科研二级单位和实验用房的安全责任人及其工作职责，确保实验人员严格遵守有关管理规定。对违反实验室安全有关管理规定的单位及个人，依据相关规定追究其相应责任。

（二）实验室生物安全管理制度

1. 生物安全管理体系文件

编写生物安全管理体系文件的原则为：结合本单位实验室的实际情况，以安全为主，尽可能涵盖生物安全的一切要素；编写的文件要相互对应、统一协调、便于管理和使用。

（1）生物安全管理手册。生物安全管理手册是实验室从事实验活动应遵循的文件之一，是实验室生物安全管理体系建立和运行的纲领。生物安全管理手册的核心内容是生物安全方针、目标、原则、组织机构及各组成要素的描述。

生物安全管理手册的编写通常包括以下部分：封面、批准页、修订页、目录；实验室遵守国家以及地方相关法规和标准的承诺；实验室遵守良好职业规范、安全管理体系的承诺；实验室安全管理的宗旨；前言、适用范围、定义；手册的管理；生物安全方针、目标、原则；组织机构、生物安全管理体系要素描述、记录及支持性文件等。

生物安全管理手册中对组织结构、人员岗位及职责、安全及安保要求、安全管理体系、体系文件架构等进行规定和描述。安全要求不能低于国家和地方的相关规定及标准的要求。应明确规定管理人员的权限和责任，包括保证其所管人员遵守安全管理体系要求的责任。

（2）生物安全管理程序文件。生物安全管理程序文件是生物安全管理手册的执行文件，程序文件需与生物安全管理手册相互对应。生物安全管理程序文件是对生物安全活动的全面策划和管理，是对各项生物安全管理活动的方法做的规定，不涉及纯技术性细节。程序文件一般包括文件标题、目的、适用范围、职责、工作流程、记录表格目录和支持性文件等。

生物安全管理程序文件至少包括下列内容：①实验室生物安全管理程序；②实验室生物安全工作程序；③传染性样本的采集和运送程序；④职业暴露的管理程序；⑤意外事件、伤害和事故处理程序；⑥实验室消毒灭菌程序；⑦可疑高致病性病原微生物处理程序；⑧高压灭菌器事故应急处理程序；⑨生物危险物质溢洒处理程序；⑩实验室废弃物处理程序。

2. 生物安全管理规章制度

遵守生物安全管理规章制度是保证实验室安全运行的重要前提。每个实验室工作人员必须自觉地遵守各项安全管理制度，只有这样才能落实安全管理工作，保证实验室工作人员、环境及样本的安全。

（1）建立安全管理制度的基本原则。生物安全管理制度必须根据相关的法律法规、标准，并结合本实验室情况进行制定。同时还应考虑其科学性、合理性和可操作性，以达到控制源头、切断途径、避免危害的目的。

（2）规章制度的具体内容。规章制度应包括（但不限于）以下内容：实验室安全管理制度；生物安全防护制度；内务清洁制度；实验室消毒灭菌制度；安全培训制度；微生物实验室菌（毒）种管理制度；传染病病原体报告制度；防火、防电、防意外事故管理制度；尖锐器具安全使用制度；实验室废弃物处理制度。

3. 生物安全管理规范

实验室生物安全管理涉及很多方面，不仅要有管理组织体系、系统的体系文件、规章制度等，还必须对某些工作和行为建立严谨的规范化管理。

实验室或者实验室的设立单位应当每年定期对工作人员进行培训，保证其掌握实验室技术规范、操作规范、生物安全防护知识和实际操作技能，并进行考核。工作人员经考核合格的，方可上岗。另外，实验室相关人员，包括实验室操作人员、保洁人员等也要进行岗前培训和考核，持证上岗。同时要进行周期性生物安全知识的继续教育，并记入个人技术档案。

（三）记录管理

记录就是将所取得的结果或所完成的活动记录下来以形成文件，它具有可追溯性，可为实验室安全管理提供证据，是实验室活动的表达方式之一。记录还可以为纠正措施、预防措施的验证提供证据。实验室采取纠正措施、预防措施的过程与效果都可以通过相对应的记录予以验证。

1. 记录的编写原则

因记录是证明活动发生及其效果（结果）的客观证据，是一种历史性资料，也是实验室活动过程和安全管理体系运行情况的证明，故要注意记录不要缺项，做到实验室的每一项活动都有相应的记录。

2. 记录的要求

记录的标识应体现唯一性，便于识别；格式应包括记录的方式和形式；应有目录或索引；应明确查取的方式和权限。

生物安全管理记录可采用表格形式。内容包括记录的前后情况，还应有修改者的标识、记录保存方式、责任人、记录的保留与销毁时间、记录的维护以及安全措施，以便查阅和理解。

原始记录应真实并可以提供足够的信息，保证其可追溯性。对原始记录的任何更改均不应影响识别被修改的内容，修改人应签字并注明日期。

3. 记录的类型

记录包括（但不限于）以下类型：职业性疾病、伤害、不利事件记录。危险废弃物处理和处置记录。事件、伤害、事故和职业性疾病的报告（含预防、处理及治疗措施）。工作人员培训、考核记录；工作人员健康监护记录；人员、物品出入记录。实验活动记录；试剂、耗材购置、配制、使用记录。监控（含人员监督）记录。空调系统运行记录；重要仪器设备使用、维护记录和工作状况记录。安全检查记录；安全计划的审核和检查记录。职业暴露记录（含预防、处理及治疗措施）。实验室消毒记录以及其他记录（如管理体系文件发放、回收记录，人员档案等）。

四、实验室安全管理文化和教育体系

（一）实验室安全管理文化体系

实验室安全文化的定位是引领、规范、科学，是被师生广泛认同的共同文化观念、价值观念、生活观念，是一个学校科研素质、个性、学术精神的集中反映。实验室安全文化的核心是实验室安全成为全校师生的自主需求，从被动式管理转变成主动式管理，最终达成安全共识，形成统一的价值观和行为准则。

1. 安全文化是校园文化的有机组成部分

安全文化体现在方方面面，体现在每一个细微之处，是一个整体链条，是一个有机体系，是一个群体和群体中每一个个体共同营造出的氛围、环境和体系。

2. 实验室安全文化要体现科学规范

（1）实验室布局要合理。比如大型精密仪器实验室要远离道路，要布局在相对低的楼层；微生物实验室布局要与装修、空气调节、给排水、气体供应、电气设计、集中控制、安防、监测、培训等内容一并考虑，合理地划分清洁区、半污染区和污染区，人与物要分别设置专用措施，避免交叉感染，防止危险性微生物的扩散、外溢，易于实验室的清洁、消毒，同时避免外部因素对实验室环境的破坏；化学实验室废气量大，成分比较复杂，尤其是研究性大学，科研项目多，研究人员多，因此排风问题尤为突出，因此化学实验室的通风柜及实验台位置、风量大小、排风设施的种类、风道的走向以及通风竖井的安排等应请有资质的专业人员设计，实验室工作人员全程参与、密切配合，方能尽善尽美。

（2）实验室安防设施要完备。实验室的消防设施要包括呼吸器，ABC灭火器和二氧化碳灭火器，消防栓，手爆按钮、喷淋、烟感、温感设施，有条件的可以配备七氟丙烷气体灭火设备。另外，化学实验室还要配备砂箱、灭火毯等。实验室安全设施重在防患于未然。

（3）实验室安全防护要规范。进入实验室要穿合适的工作服或防护服，使用爆炸品、易燃品、强氧化剂、强腐蚀剂、剧毒品及放射性试剂，要佩戴防护眼镜。

3. 实验室安全文化要做到润物细无声

实验室要有安全警示标志、标语，要设立安全信息牌，包括安全负责人、涉及危险类别、防护措施和有效的应急联系电话等。安全标识是最直观、最快捷、最有效的提示方法和手段之一。此外，要在一些细微之处体现实验室安全文化。比如，化学试剂是实验室较常见的物品，其存放要非常规范。化学试剂都要存放在试剂瓶里，塞紧瓶盖子，放在牢固橱柜上，且放置应排列整齐有序，并方便取用。所有化学试剂应粘贴标签，标明试剂溶液的名称、浓度和配制时间。标签大小应与试剂瓶大小相适应，字迹清晰，字体书写端正，并粘于瓶子中间部位略偏上的位置，使其整齐美观，标签上可涂以熔融石蜡加以保护。保存化学试剂要特别注意安全，放置试剂的地方应阴凉。保存化学试剂要特别注意安全，放置试剂的地方应阴凉，干燥，通风良好。因试剂的种类多种多样，一般试剂按无机物和有机物两大类进行分类存放，特殊试剂及危险试剂另存。危险性化学试剂的存放更要规范，如易燃易爆性化学试剂必须存放于专用的危险性试剂仓库里，按规定实行"五双"制度；氧化性试剂则不得与其性质抵触的试剂共同储存。

（二）实验室安全管理教育体系

安全事故的发生源于对安全知识的匮乏，而忽视安全教育是根本原因，因此，建立面向全员的安全教育体系对于减少安全事故意义重大。认真落实教育部对高校安全管理规划的要求，深入开展实验室安全教育工作，切实提高师生的安全意识，实现实验室安全教育"进课堂、进教材、落实学分"。

1. 建立安全培训制度

将安全培训列入年度工作计划，对受众人员要分门别类地进行培训，保证培训的效果。

2. 安全教育要主次分明

学校重点落实对实验室主任、项目组责任教师的培训。大部分的本科生及研究生应由实验室主任、项目组责任教师进行逐级培训。

3. 安全教育要突出重点

安全知识太多太细，不一定要求所有人员掌握。对于不同人员，培训要有所侧重。对于操作特种设备及大型精密仪器设备的人员，要建立培训上岗制度。

4. 安全培训要体现多样化

可以采取设立安全教育必修课、选修课的方式，也可以编制实验室安全手册，发放到进入实验室的每一位师生，由师生自学后将学习承诺书交由实验室检查备案，确保安全教育做到全覆盖。

5. 建设实验室安全考试系统

推行"实验室安全准入"制度，规定新教师入职、新生入学后必须参加实验室安全培训，并通过考试，不符合要求者，新教师不得开始授课，学生不得进入选课环节。考试的目的是促使师生提高安全意识。在实际工作中，学校还要以其他安全教育方式提高师生的安全素养。

五、实验室安全管理保障体系

组织、制度、文化体系的建设,对于实验室安全而言,属于"软建设",管理中注重"三抓一管"的落实,即做好抓制度、抓要害、抓日常、管保障工作。另外,要注重从硬件建设和信息技术手段方面做好保障工作。

(一)实验室人员行为规范

人的因素对于实验室安全来讲是最重要的,安全的防护工作离不开人的安全行为。

安全工作要落实到具体的工作中,需要人的智力因素去解决安全管理中的制度、流程、规范操作等问题。

组成覆盖上下的安全监管体系,通过人的安全行为和安全意识保障实验室安全。

(二)实验室安全防护设施

实验室的安全防护方面,主要有三类:

1. 基础建设类

如实验室防火墙、防火门、防盗门一定要符合安全标准,如实验室水网、电网、气网的实用性和安全性铺设,通风系统的安全排放及实验室家具的合理摆设。另外,对校内有关重点部门必须采取加强、加固等物防措施,要加大对现有的实验室在防火、防水、防电、防辐射、防感染等安全设施的投入力度,根据实验室的安全等级和危险程度,对设备的安全保障设施和物品进行改造、更新、替换、升级,预防和减少安全问题的发生。

2. 信息手段类

保证负有安全监管任务的人员配备所必需的信息手段,如照相机、摄像机、对讲机等基本设备和计算机、传真机、车辆、通信工具等办公设备;有存放安全资料、档案的文件柜;在重点部位和内部复杂场所安装、使用先进的防盗报警、防火报警系统,有效预防灾害事故的发生

3. 安全防护类

一方面,实验室要配备气瓶柜、冰箱、空气净化设备,防护服、防护手套等;另一方面,实验室内必须存放一定数量的消防器材,消防器材必须放置在便于取用的明显位置,指定专人管理,并按要求定期检查、更换。

(三)实验室门禁与监控管理

1. 实验室门禁管理系统

目前,大多数高校实现了校园一卡通管理,将门禁与校园一卡通实现联动

管理，可以有效实现授权管理模式下的集约化管理，对某些特殊实验室也能实现安全管理，防止外人进入。从安防的专业要求出发，门禁系统在停电后处于打开状态，以便于人员逃生和疏散。

2. 实验室监控管理系统

安全事故发生后，对于事故发生原因的追溯是个很复杂的过程，尤其是发生爆炸、火灾等严重安全事故后，现场究竟发生了什么，往往不得而知，所以建立全覆盖的监控系统尤为重要。

在实验室外部及内部建立可视监控系统，实行全天候值守制度，随时调阅监控记录。

各个实验室可以建立自我管理的监控系统，随时掌握实验室运行状态及运行中出现的各种安全问题及不安全状态，起到及时纠正的作用。

第四节 国内外实验室安全管理体系的发展历程

国内外实验室安全管理体系的发展历程是一个不断演进和完善的过程，主要表现在以下几个方面。

一、法规和标准的建立与完善

法规和标准的建立与完善是实验室安全管理发展的基石，它们确保了实验室活动的安全性和合规性。随着科学研究的不断深入，实验室活动变得更加多样和复杂，使用的化学物质品种和数量也在增加，这就需要相应的法规和标准来指导和规范实验室的安全管理工作。

美国职业安全与健康管理局颁布的《实验室安全指南》是一个覆盖实验室安全管理多个方面的标准。该指南提供了关于化学品管理、个人防护装备使用、危险废物处理、火灾安全、设备使用和维护等方面的指导，确保实验室工作人员能够了解和遵守安全操作规程，减少事故发生的风险。职业安全与健康管理局的标准和规定在不断更新，以适应新的科学发现和技术创新，体现了法规和标准持续改进的特点。

我国根据《高等学校实验室工作规程》等文件，制定了一系列的管理办法和操作规程。这些管理办法和规程涵盖了实验室的准入制度、项目安全审核、仪器设备管理、危险化学品管理、生物安全管理、辐射安全管理、实验废弃物处理、消防安全、水电安全、特种设备安全以及环境安全管理等多个方面。这些管理办法和规程的制定和实施提高了实验室安全管理的系统性和规范性，为实验室工作人员提供了明确的安全操作指南。

除了国家层面的法规和标准，许多高校和研究机构也根据自身的特点和需求，制定了更为详细和具体的实验室安全管理制度。这些制度通常包括实验室安全责任体系、安全检查和隐患排查机制、应急预案和演练、安全教育培训和考核等内容。通过这些制度的实施，实验室安全管理工作更加具有针对性和实效性。

在法规和标准的建立与完善过程中，国际合作和交流也发挥了重要作用。许多国家的实验室安全管理法规和标准相互借鉴和融合，形成了一些国际通用的安全管理模式。例如，国际劳工组织和联合国教科文组织等国际组织通过制定和推广国际标准和指南，促进全球实验室安全管理水平的提升。

此外，随着信息技术的发展，实验室安全管理也开始向数字化和智能化转型。许多实验室安全管理系统利用大数据、物联网和人工智能等技术，实现了对实验室安全状况的实时监控和智能预警，提高了安全管理的效率和效果。

总之，法规和标准的建立与完善是实验室安全管理发展的必然趋势。它们为实验室安全提供了法律依据和操作指南，以确保实验室活动的安全性和合规性。随着科学研究的不断进步和社会的不断发展，实验室安全管理法规和标准将继续演进和创新，以适应新的挑战和需求。

二、组织架构的明确

组织架构的明确性对于实验室安全管理至关重要，它确保了安全管理工作的有序进行和有效实施。在美国，相关环境健康与安全管理机构的设立是实验室安全管理组织架构中的一个典型例子。此类机构通常负责制定和执行实验室的安全政策、程序和标准，它们是实验室安全文化的推动者和执行者。此类机构的专业人员包括安全专家、化学卫生专家、工业卫生专家和辐射安全专家等，他们利用专业的知识和技能为实验室提供全面的安全支持和咨询服务。

环境健康与安全机构的主要职责包括但不限于：进行实验室安全风险评估，确保所有实验室活动符合国家和地方的安全法规；提供安全培训和教育，增强实验室人员的安全意识和自我保护能力；监督和检查实验室的安全状况，及时发现并解决安全隐患；管理危险化学品，确保其安全存储和使用；制定和更新应急预案，提高实验室对突发事件的应对能力。

在英国，高校实验室的安全管理通常由副校长级别的高级管理人员负责，他们在组织架构中处于顶层，负责制定全校性的实验室安全政策和战略。副校长职级下面通常设有一个或多个安全委员会，由来自不同学科领域的教授、实验室主任、安全专家和学生代表组成，共同参与实验室安全管理的决策和监督工作。这些委员会定期召开会议，讨论和评估实验室的安全状况并制定改进措施。

英国高校的每个系部或学院通常会有自己的安全负责人，他们负责本单位的日常安全管理工作，包括组织安全检查、更新安全规程、开展安全培训等。此外，各实验室还设有专职或兼职的安全协调员，他们直接参与实验室的日常运作，对实验室的安全状况有更深入的了解，能够及时发现问题并采取相应措施。

无论是美国的环境健康与安全机构还是英国的副校长负责制，都强调了实验室安全管理组织架构的层次性和专业性。英国实验室安全管理组织架构的设置确保了从学校层面到实验室层面，每个层级都有明确的安全责任人和相应的安全管理职能。同时，这种架构也促进了跨学科、跨部门的合作，形成了一个覆盖全校的安全管理网络。

此外，两种组织架构还体现了安全管理的预防性和主动性。通过定期的安全检查和风险评估，可以及时发现和解决潜在的安全隐患；通过制定和更新应急预案，可以提高实验室对突发事件的应对能力。这些措施的实施不仅有助于减少实验室安全事故的发生，还有助于提升实验室的整体安全水平。

在全球化的背景下，各国的实验室安全管理组织架构也在不断地交流和融合。许多国家的高校和研究机构都在借鉴和学习其他国家的成功经验，以期建立更加科学、合理和有效的实验室安全管理体系。随着科学技术的不断发展和社会对安全要求的不断提高，实验室安全管理组织架构也将不断地进行调整和优化，以适应新的挑战和需求。

三、风险评估与控制

风险评估与控制在实验室安全管理中占据核心地位，它是预防事故发生的重要防线。在美国，实验室安全管理的理念强调了对潜在危害的识别、评估和控制，采取了一系列措施来确保实验室工作人员的安全和健康。这种以风险管理为基础的管理方法，不仅遵循了职业安全与健康管理局的法规要求，还体现了一种积极主动的安全文化。

美国实验室的风险评估过程通常从识别潜在危害开始。这包括对实验室内所有化学品、物理、生物和放射性危害的全面审查。通过详细列出所有可能对人员造成危害的因素，实验室能够更好地理解其操作环境中的风险状况，然后评估这些危害可能导致的伤害类型和严重程度，以及可能受到影响的人员。

在识别和评估了潜在风险之后，美国实验室安全管理采取了一种层次化的风险控制策略。这种策略首先考虑的是消除危害，即通过改变实验方法或使用更安全的替代品来消除风险。如果消除危害不可行，那么下一步是替代，即用较少危害的物质或方法替代原有物质或方法。如果替代也不可行，就要考虑工程控制，如改进实验设备的设计、增加通风系统等，以减少人员接触危害的机会。

此外，美国实验室还强调了行政控制和个人防护装备的使用。行政控制包括制定安全操作程序、限制对危险区域的访问、安排适当的工作轮换等。个人防护装备的使用是控制风险的最后一道防线，包括实验室穿着、眼睛保护、呼吸保护等。所有这些措施都需要根据风险评估的结果来制定，并确保所有实验室人员都清楚地了解并执行。

为了确保风险评估和控制措施的有效性，美国实验室通常会进行定期的审查和更新。这包括对新的科学发现、新的法规要求、新的实验技术和方法的持续关注。通过这种方式，实验室能够及时调整其风险管理策略，以应对新出现的风险。

除了技术层面的控制措施，美国实验室还非常重视安全文化的培养。这意味着每个人都需要对安全负责，从实验室主任到每一位研究人员和技术人员。通过安全培训、研讨会、工作坊和其他教育活动，鼓励实验室人员积极参与安全管理，提高他们对风险的认识，并使其发展出一种积极主动的安全态度。

风险评估和控制不仅限于实验室内部。它们还涉及与外部供应商、承包商和合作伙伴的互动。确保所有进入实验室的人员都了解并遵守安全规程，是风险管理的一个重要方面。此外，实验室还需要与当地应急响应部门合作，确保在事故发生时能够迅速、有效地响应。

四、安全教育与培训

安全教育与培训在实验室安全管理中扮演着至关重要的角色，它是提升实验室人员安全意识和应对能力的核心手段。有效的安全教育与培训可以确保实验室人员在面对潜在危险时能够采取正确的预防和应对措施，从而降低事故发生的风险。

在英国和美国，实验室安全培训的理念和实践已经非常成熟。这些国家的实验室通常采取针对性的安全培训方法，这意味着培训内容会根据不同的实验活动、使用的材料和设备来定制。例如，处理危险化学品的研究人员需要接受有关化学品安全存储、处理和应急响应的专业培训。此外，英美实验室的安全培训往往是周期性的，以确保实验室人员能够跟上最新的安全规程和技术进展。这种周期性的培训也有助于强化安全意识，确保安全操作规程得到持续遵守。

在美国，安全培训通常由环境健康与安全机构或专业人员来开展。这些培训可能包括新员工入职培训、特定危险物质的操作培训、紧急疏散演练等。培训的形式多样，从面对面的讲座到在线课程，再到现场的实践操作，旨在提高实验室人员的安全技能和自我防护能力。

英国的实验室安全培训同样注重实用性和周期性。英国高校和研究机构通常会设立专门的安全培训计划，确保所有实验室人员能定期接受安全教育。这些培训计划可能包括基础安全知识、特定实验技术的安全操作、个人防护装备的使用等。此外，英国的实验室还会根据实验室的具体风险评估结果来定制培训内容，确保培训与实际工作紧密相关。

在我国，随着高等教育和科研活动的快速发展，高校实验室安全教育也受到了越来越多的重视。我国高校普遍认识到，安全教育是提高学生和教职工安全意识和能力的基础。因此，许多高校已经开始将实验室安全教育纳入教学计划和员工培训体系中。

我国的实验室安全教育通常从新生入学开始，通过安全教育课程、实验室安全知识竞赛、安全宣传周等活动来提高学生的安全意识。除了基础的安全教育，我国高校还注重实验室安全文化的培养。这种参与不仅提高了实验室人员的安全责任感，还有助于形成一种积极主动的安全文化氛围。

随着信息技术的发展，我国的实验室安全教育也开始利用在线资源和数字工具。在线安全课程、虚拟实验室安全模拟、安全教育 App 等工具的使用，为实验室人员提供了更加灵活和便捷的学习方式。

总之，无论是在英国、美国还是中国，实验室安全教育与培训都是实验室安全管理的重要组成部分。持续的安全教育和培训可以提高实验室人员的安全意识和应对能力，减少实验室事故的发生，保障实验室的安全运行。随着科学技术的不断进步和社会对安全要求的不断提高，实验室安全教育与培训的方法和内容也将不断地进行创新和完善。

五、信息化管理

信息化管理在实验室安全管理中的应用标志着实验室安全管理向更高效率和透明度转变。随着信息技术的快速发展，实验室安全管理开始利用各种先进的技术手段，以提高安全管理的质量和响应速度。

在英国和美国，许多实验室已经实现了化学品信息的全流程管理。这种信息化管理系统从化学品的采购开始，记录每一个环节的详细信息，包括供应商、采购量、采购日期、化学品特性等。这些数据被录入系统后，可以为实验室提供一个清晰的化学品采购历史和当前库存的实时视图。

化学品的储存是信息化管理的另一个关键部分。系统能够根据化学品的特性，如易燃性、腐蚀性或毒性，推荐适当的储存条件。此外，系统还能够追踪化学品的存储位置，确保它们被放置在正确的存储区域，并在必要时发出储存条件警告。

在使用阶段，信息化管理系统通过访问控制确保只有授权人员能够获取化学品。系统还可以与实验设计和安全数据表集成，提供实时的安全信息和操作指导，帮助研究人员安全地使用化学品。

废弃处理是化学品生命周期的最后阶段，同样需要严格的管理。信息化管理系统能够追踪化学品的使用量和剩余量，确保使用人员正确处理废弃物。系统会记录废弃物的类型、数量、处理日期和处理方法，确保废弃化学品得到安全、合规的处置。

除了化学品管理，信息化管理系统还能够支持实验室的其他安全管理方面。例如，它可以用于追踪设备维护和校准记录，确保实验室设备始终处于良好的工作状态。此外，系统还可以用于实验室安全事故的记录和分析，帮助实验室管理人员识别事故原因，采取预防措施。

信息化管理系统的另一个重要优势是其能够支持远程访问和实时更新。这意味着实验室人员可以在任何时间和地点访问所需信息，而管理人员可以实时监控实验室的安全状况。这种灵活性和实时性大大提高了实验室安全管理的效率。信息化管理系统还可以集成各种传感器和监控设备，实现对实验室环境的实时监控。例如，系统可以监控实验室内的温度、湿度、压力和气体浓度等参数，确保实验室环境始终处于安全范围内。

在我国，随着信息技术的普及和应用，越来越多的高校和研究机构也开始采用信息化管理系统来提升实验室安全管理水平。通过建立电子化的化学品管理、设备维护、安全培训和事故报告系统，我国的实验室正在逐步实现安全管理的信息化和智能化。

总之，信息化管理在实验室安全管理中的应用，不仅提高了管理效率，降低了人为错误的可能性，还增强了实验室的透明度和可追溯性。随着技术的不断进步，未来的实验室安全管理将更加依赖信息化手段，实现更高层次的自动化和智能化。

六、国际交流与合作

在全球化的今天，国际交流与合作已成为提升实验室安全管理水平的重要途径。各国通过跨国界的信息共享、经验交流、技术引进和联合研究，促进了实验室安全管理的共同进步和持续发展。

首先，国际交流与合作为实验室安全管理带来了新的理念和方法。通过参与国际会议、研讨会和工作坊，实验室管理人员和科研人员能够了解全球范围内的最佳实践和最新趋势。例如，欧洲的实验室安全管理注重风险预防和风险评估，而北美则强调法规遵从和标准化操作。这些不同的管理理念通过国际交流与合作得以传播,帮助各国实验室找到适合自己的安全管理策略。

其次,国际交流与合作促进了实验室安全技术的创新和应用。许多先进的实验室安全技术和设备,如智能监控系统、远程访问控制系统和危险化学品追踪技术,都是通过国际合作项目引进和推广的。这些技术的应用不仅提高了实验室的安全管理效率,还降低了发生安全事故的风险。国际合作还有助于建立全球统一的实验室安全标准和认证体系。国际标准化组织和国际劳工组织等国际机构,通过制定和推广国际通用的安全标准,为各国实验室提供了统一的安全操作指南。这些标准体系的建立,不仅提高了实验室安全管理的透明度和可信度,还促进了国际科研合作的顺利进行。

在实验室安全教育和培训方面,国际交流与合作同样发挥了重要作用。许多国际组织和高校通过联合开设在线课程、举办培训班和提供奖学金等方式,帮助发展中国家提高实验室安全教育水平。这些教育和培训项目不仅传授了安全管理的知识和技能,还培养了一大批具有国际视野的实验室安全专家。

国际合作还为实验室安全管理提供了资金和资源支持。许多国际发展机构和基金会,如联合国开发计划署和世界银行,通过提供资金援助和技术支持,帮助发展中国家改善实验室安全条件。这些援助项目不仅提高了实验室的硬件设施,还加强了实验室安全管理的软件建设。

在全球化背景下,实验室安全管理的国际交流与合作还体现在跨国界的应急响应和事故处理上。许多国际组织和专业机构,如国际原子能机构和世界卫生组织,通过建立全球性的应急响应网络,为实验室安全事故提供快速、有效的支持。这些网络的建立提高了各国实验室应对突发事件的能力,也加强了全球实验室安全管理体系的互联互通。

国际交流与合作在提升实验室安全管理水平方面发挥了不可替代的作用。通过学习和借鉴国外的先进经验和技术,各国能够不断完善和创新自身的实验室安全管理体系。随着全球化进程的不断深入,实验室安全管理的国际交流与合作将更加广泛和深入,为全球科研事业的繁荣发展提供坚实的安全保障。

第三章 相关法规与标准体系

第一节 实验室安全管理相关法规与标准体系

实验室是实验教学的场所,对于有关科研的专业有着重要的影响,所以,学校方面要高度重视。现有的高校实验室一般是根据实际需求,综合各方面的实验条件建立而成的,其存在着组织管理分散、专业划分过细、过度依赖教学课程等问题。当下社会飞速发展,教育深化改革,教育教学的目标已经转变成培养学生的综合素质,传统的实验室有规模小、功能少、作用不明显等弊端,不仅不利于学生实验操作能力、分析能力以及创新能力的提升,还会影响相关专业的科学研究。因此,高校需要对实验室进行集中化的管理,节省大笔的建设投资,使科研人员以及机器设备和实验室等条件更加集中,发挥出更大的作用。

关于实验室安全管理的法规主要有两个,一是《病原微生物实验室生物安全管理条例》,二是《实验动物管理条例》,具体内容可见中华人民共和国中央人民政府官网,此处不再赘述。下面重点讲述实验室安全管理相关标准体系。

一、ISO 9000 标准

(一)基本介绍

ISO 9000 标准是第一套具有管理性质的国际标准,它是各国质量管理与标准化专家在先进的国际标准的基础之上,对科学管理时间的总结和提高,它包含以满足顾客的需求为己任、重视过程控制、强调以预防为主、持续的质量改进以及重视高层领导的作用等多方面的内容,具有系统、全面、完善、简洁、扼要等多方面的特点。

(二)引入原因

我国高校的实验室存在场地、实验仪器设备以及专业教师资源少,但是教学实验多的问题，实验室管理人员及相关实验的教学人员存在工作热情高，但是相关的管理能力和组织能力缺乏的问题，所以，如何推动建立实验室标准管理体系，提高实验教学以及实训的质量是高校重要任务之一。

二、建立标准管理体系的作用

（一）推动岗位责任制的落实

ISO 9000 标准中对于管理体系的勾画明确地规定了质量管理组织机构，从事与质量管理、实验执行以及验证等工作的人员等的职责以及相互之间的关系。

（二）促进实验室管理的规范化

实验室标准管理体系中专门有一项质量记录控制程序，它的记录有明确的管理范围和有关资料信息的收集、填写记录以及归档保存等标准，这些都在很大程度上促进了实验室管理工作的规范化程度提高。

（三）促使管理手段科学化

实验室标准管理体系中对涉及实验室使用及管理的全部人员提出了考核的标准，并规定了具体内容，管理体系要求对他们进行定期或不定期的考核，以确定他们是否具有使用实验室的资质。

（四）推动管理质量提高

建立实验室标准管理体系，最高级别的管理者任管理者代表，负责管理体系整体工作的运行，这在很大程度上促进了原有实验室管理体系的完善，使实验室管理系统的运行更加顺畅，提高了管理体系的管理质量。

三、深入推进实验室标准管理体系的建立

（一）实现实验室的开放共享

要想深入推进实验室标准管理体系的建立，就需要实现实验室对外开放、资源共享。比如，实现校内实验平台以及不同学科之间实验平台的开放共通，比如，实现实验仪器的开放使用、学科实验研究中心及实验室的开放共享，设计出多种共享、开放、创新的实验项目，促使实验室开放与多种实验、竞赛及教学实践相结合等。

（二）推动实验技术队伍建设

建立相关实验室的管理人员平等竞争相应的工作岗位和晋升机会的机制，不断促进相关管理人员的自身能力提升以及学历提升，改变传统的定期绩效考核制度，推行新颖的定向定量考核制度，对成绩优异的管理人员进行奖励，激发他们工作的积极性，促使他们进一步提升自身实验技能、实验仪器设备维修技能等多方面的能力，为实验室的标准化管理保驾护航。

（三）合理运用收费制

实验室在对外服务方面要进行效益核算。这个可以根据实验室集中管理部门在对外服务过程中收取的费用进行考量，综合分析实验室整体的运营机制，这样可以在很大程度上提高实验室的运行和管理效率，提高竞争意识，促使服务水平的增强。通过实验室有偿开放服务体制机制优胜劣汰，健全运行效率高的实验室并加大对它的扶持力度以及资金投入，实现实验室资源的优化整合。这样可以在一定程度上促进实验室综合效益的提高，盘活实验室各方面的人力、物力与财力资源，进一步推动不同实验室之间的良性竞争与快速发展。

建立实验室标准管理体系，通过管理中的评审以及内审，加强管理层和各工作部门之间的工作交流，增加工作透明度，促进相互监督，使全体相关工作人员树立质量意识，这能够在很大程度上帮助管理者解决其在实验室管理中遇到的一些难题，又能够促进实验教学的顺利开展，为学生提供一个良好的学习空间。

第二节　法规与标准对实验室安全管理的指导与规范

法规与标准对实验室安全管理起到了基础性的指导与规范作用。它们为实验室安全提供了明确的框架和执行标准，确保实验室活动在控制风险和预防事故的前提下进行。以下是一些关键点，概述了法规与标准如何指导实验室进行安全管理。

一、安全责任体系的建立

安全责任体系的建立是确保高校实验室安全的关键措施，它要求明确各级机构和个人在实验室安全管理中的职责和义务。根据《高等学校实验室安全规范》，高校实验室安全工作应坚持"安全第一、预防为主、综合治理"的方针，实现规范化、常态化的管理体制，重点落实安全责任体系、管理制度、教育培训、安全准入、条件保障以及危险化学品等危险源的安全管理内容。

高校实验室安全工作的校级安全责任体系要求学校统筹管理实验室安全工作，并将其纳入学校事业发展规划。学校党政主要负责人是实验室安全工作的第一责任人，分管实验室工作的校领导是重要领导责任人，协助第一责任人负责实验室安全工作。其他校领导在分管工作范围内对实验室安全工作负有支持、监督和指导职责。

高校应设立校级实验室安全工作领导机构，明确人员和分工，确保实验室安全管理工作的有序进行。同时，需要明确实验室安全主管职能部门、其他相关职能部门和二级教学科研单位（统称二级单位）的职责，建立健全全员实验室安全责任制，并配备足额的专职安全人员。

二级单位安全责任体系要求二级单位党政负责人是实验室安全工作的主要领导责任人。二级单位应明确分管实验室安全的班子成员和各实验室安全管理人员，与所属各实验室负责人签订安全责任书，结合自身实际情况和学科专业特点，有针对性地建立实验室安全教育培训与准入制度，定期开展实验室安全各类隐患检查，对隐患整改实行闭环管理，并建立应急预案，定期进行培训和实施演练。

实验室安全责任体系还强调实验室负责人是本实验室安全工作的直接责任人，应严格落实实验室安全准入、隐患整改、个人防护等日常安全管理工作，切实保障实验室安全。项目负责人（含教学课程任课教师）是项目安全的第一责任人，须对项目进行危险源辨识和风险评估，并制定防范措施及现场处置方案。实验室负责人应指定安全员负责本实验室日常安全管理，并与相关实验人员签订安全责任书或承诺书。

安全工作奖惩机制也是实验室安全责任体系的重要组成部分。学校应强化主体责任，根据"谁使用、谁负责，谁主管、谁负责"的原则，把责任落实到岗位或个人。学校应将实验室安全工作纳入内部检查、日常工作考核和年终考评内容。对在实验室安全工作中成绩突出的单位和个人给予表彰和奖励；对履职尽责不到位的个人和所在单位予以批评和惩处，情节严重的追究其法律责任。

高校还应建立健全项目风险评估与管控机制，尤其要依托现代技术手段加强信息化建设，构建实验室安全全周期管理工作机制。同时，高校应建立实验室安全隐患举报制度，公布实验室安全隐患举报邮箱、电话、信箱等，鼓励师生、员工积极参与实验室安全管理。

高校实验室安全责任体系的建立是一个全面、系统的过程，涉及学校各级机构和个人的职责明确和责任落实。通过这一体系的建立和实施，可以有效地提高实验室安全管理水平，预防和减少实验室安全事故的发生，保障校园安全、师生生命安全和学校财产安全。

二、管理制度的制定与执行

实验室安全管理制度的制定与执行是确保实验室安全运行的基石。高校必须依据国家相关法律法规，结合自身实际情况，制定一系列实验室安全管理办法和制度。这些制度构成了实验室安全管理的框架，明确了安全管理的具体要求和操作流程。

安全检查制度是实验室安全管理中的一项基础性工作。高校需要对实验室开展定期的"全员、全过程、全要素、全覆盖"的安全检查。这种检查应核查安全制度、责任体系、安全教育的落实情况，以及设备设施存在的安全隐患。通过问题排查、登记、报告、整改、复查的"闭环管理"，确保安全隐患得到及时发现和解决。

教育培训与准入制度是提高实验室人员安全意识和能力的重要手段。高校应要求所有进入实验室学习或工作的人员，包括教职工和学生，必须先进行安全知识、安全技能和操作规范的培训。考核合格的人员才能获得进入实验室进行实验操作的资格。此外，高校还应根据学科专业特点，开展专业安全培训活动，并组织安全培训考试。

项目风险评估与管控制度是实验室安全管理中的关键制度。高校应要求所有涉及重要危险源的教学、科研项目，在开展实验活动前必须经过风险评估。项目负责人应对项目进行危险源辨识和风险评估，并制定防范措施及现场处置方案。存在重大安全隐患的项目，在未切实落实安全保障前，不得开展实验活动。

危险源全周期管理制度是确保危险化学品等重要危险源安全的关键。高校应建立动态管理台账，对重要危险源进行采购、运输、储存、使用、处置等全流程、全周期管理。通过风险评估，建立重大危险源安全风险分布档案和数据库，并制定危险源分级分类处置方案。

安全应急制度是实验室安全管理的重要组成部分。高校应建立应急预案和应急演练制度，定期开展应急知识学习、应急处置培训和应急演练。通过保障应急人员、物资、装备和经费，确保应急功能完备、人员到位、装备齐全、响应及时。

实验室安全事故上报制度是实验室安全管理中的重要制度。高校应要求出现实验室安全事故后，立即启动应急预案，采取措施控制事态发展，并在规定时间内如实向上级部门和相关单位报告情况。及时、准确的事故报告有助于事故的调查、处理和责任追究。

高校实验室安全管理制度的制定与执行是一项系统性工作，涉及多个方面的安全管理要求和操作流程。这些制度的实施可以有效地提高实验室安全管理水平，预防和减少实验室安全事故的发生，保障实验室人员的生命安全和身体健康，促进高校教学和科研工作的顺利进行。

三、安全分级分类管理

《高等学校实验室安全分级分类管理办法（试行）》的提出，标志着实验室安全管理向更加精细化和科学化的方向发展。该办法通过安全分级分类管理，使高校能够根据实验室中存在的危险源及其风险等级，采取差异化的管理措施，从而提高安全管理的针对性和有效性。

实验室安全分级是指根据实验室内存在的各种危险源及其存量，进行风险评价，判定实验室的安全等级。实验室安全等级通常分为Ⅰ、Ⅱ、Ⅲ、Ⅳ级，或用红、橙、黄、蓝四级表示，分别对应重大风险、高风险、中风险、低风险等级的实验室。这种分级方法有助于高校识别和管理不同风险级别的实验室，确保重点风险得到有效控制。

实验室安全分类则是根据实验室中存在的主要危险源类别进行判定，如化学类、生物类、辐射类、机电类等。这种分类方法有助于高校针对不同类型危险源的特点，制定相应的安全管理措施和操作规程。

在实施分级分类管理时，高校需要建立一套完善的管理体系和职责分工。高校实验室安全工作领导机构全面负责指导本校实验室开展安全分级分类管理工作，而学校实验室安全主管职能部门则负责牵头制定本校实验室安全分级分类管理办法，并统筹开展全校实验室分级分类认定工作，并建立本校实验室安全分级分类管理台账，及时录入信息化管理系统或电子造册。

二级教学科研单位作为实验室安全分级分类管理的责任单位，负责组织本单位实验室落实分级分类及安全管理要求，审核确认所属实验室类别和风险等级，并建立本单位实验室安全分级分类管理台账，提交学校实验室安全主管职能部门备案。

实验室负责人则是本实验室安全分级分类管理工作的直接责任人，需要根据本校实验室安全分级分类管理办法要求，判定本实验室类别和风险等级，并报本实验室所属二级单位审核确认。

此外，高校应根据实验室分级分类结果，针对不同等级的实验室制定并落实不同等级的管理要求。例如，对于安全等级较高的实验室，应采取更为严格的管理措施，如增加安全检查频率、强化安全教育培训、配备更为先进的安全设施等。

同时，高校还应建立相应的监督检查机制，定期对实验室分级分类管理情况进行复核，确保各项管理措施得到有效执行。对于新建、改扩建的实验室，应在建设项目时同步进行危险源辨识和安全风险评价，确保实验室安全分级分类工作与项目同步完成。

在实验室安全分级分类管理中，信息的公开和透明也非常重要。实验室分级分类结果和所涉及的主要危险源应在实验室门外的安全信息牌上标明，并及时更新，以便所有进入实验室的人员能了解实验室的安全状况和需要注意的安全事项。

总之，《高等学校实验室安全分级分类管理办法（试行）》的实施，为高校实验室安全管理提供了一种更为科学、系统的方法。通过安全分级分类管理，高校能够更加精准地识别和管理实验室的安全风险，采取有效的预防和控制措施，从而提高实验室安全管理水平，保障实验室人员的生命安全和身体健康。

四、安全信息与标识

实验室中的安全信息与标识是安全管理的重要组成部分，它们为实验室人员提供了直观的安全指导和警示，有助于预防事故的发生。安全信息与标识的设置应当清晰、醒目，确保所有进入实验室的人员能迅速识别并采取相应的安全措施。

实验室的入口处应设置安全信息牌，其上应包含实验室的基本安全信息，如实验室名称、负责人及联系方式、主要危险源、个体防护要求等。这些信息有助于人员在进入实验室前对实验室的安全状况有一个基本了解，并做好相应的准备。

实验室内应根据不同类型的危险源设置相应的警示标识。例如，对于存放危险化学品的区域，应设置明显的化学危险标识，包括易燃、腐蚀、有毒等警示标识。这些标识应符合国家或国际标准，以确保其通用性和易识别性。实验室内所有可能存在危险因素的设备和仪器都应配备相应的操作警示标识。例如，高速旋转的设备应有旋转警示标识，高温设备应有高温警示标识，而涉及电气危险的设备应有电气危险警示标识。这些标识有助于提醒操作人员注意潜在的安全风险，并采取适当的防护措施。

实验室内还应设置紧急疏散指示标识，包括安全出口的位置、疏散路线以及紧急集合点等信息。在紧急情况下，这些标识能够指导人员迅速、有序地撤离，减少人员伤亡。

安全信息牌和警示标识的设置应遵循一定的规范和原则。首先，标识的尺寸、颜色和文字应醒目，能够在各种光线条件下清晰可见。其次，标识的位置应合理,确保人员在进入实验室或操作设备前能够容易看到。最后,标识的设置应定期检查和维护,确保其始终处于良好的状态。

实验室还应设置一些辅助性的安全信息和标识,如安全操作规程的提示牌、个人防护装备的使用说明、紧急联系电话等。这些信息有助于人员了解和掌握实验室的安全要求,提高安全意识。

在一些特殊情况下,实验室还应设置专门的安全信息和标识。例如,对于使用放射性物质的实验室,应设置放射性警示标识,并明确标出安全控制区域。对于生物安全实验室,应设置生物危害警示标识,并根据实验室的生物安全等级采取相应的安全措施。

总之,实验室的安全信息与标识是保障实验室安全的重要手段。合理设置安全信息牌和警示标识可以有效地提醒和指导实验室人员注意安全,预防事故的发生。高校和实验室管理人员应重视安全信息与标识的设置和管理,不断提高实验室的安全水平。

五、职业健康安全

职业健康安全是实验室安全管理中不可忽视的重要方面,它涉及实验室工作人员在实验过程中可能遇到的各种职业病危害因素,如化学试剂、生物因素、放射性物质、噪声、振动等。遵守《中华人民共和国职业病防治法》(以下简称《职业病防治法》)是确保实验室工作人员健康和安全的基本要求。

实验室必须建立一套完善的职业健康安全管理体系,包括对职业病危害因素的识别、评估、控制和监测。这一体系应覆盖实验室的所有工作区域和活动,确保所有可能产生职业病危害的环节都得到妥善管理。

根据《职业病防治法》,实验室应定期对工作场所进行职业病危害因素的检测、评价。这包括对空气中的化学物质浓度、生物因子的活性、辐射水平、噪声强度等进行测量和评估。检测结果应与国家或地方的职业卫生标准进行比较,确保实验室环境符合规定的安全标准。

在检测过程中,如果发现职业病危害因素的浓度超过限值,或者存在其他异常情况,实验室应立即启动应急监测程序。应急监测的目的是快速评估危害程度,采取有效措施控制危害扩散,保护实验室人员的健康安全。

除了定期检测和应急监测,实验室还应采取一系列措施来控制职业病危害因素。这包括:使用无毒或低毒的替代化学品,减少有害化学品的使用;采用密闭系统,降低有害气体和粉尘的扩散;对生物样本进行严格的分级管理,确保高风险生物样本在安全的环境中被操作;对放射性物质进行严格的控制和管理,确保工作人员有适当的防护;使用隔音和减震设施,减少噪声和振动对工作人员的影响。

实验室还应加强职业健康安全教育和培训，提高工作人员对职业病危害的认识和自我保护能力。这包括：定期组织职业健康安全知识的培训，让工作人员了解职业病的危害、预防措施和应急处理方法；在实验室明显位置设置警示标识，提醒工作人员注意职业病危害；教育工作人员正确使用个人防护装备，如实验服、手套、护目镜、口罩等；培养工作人员良好的实验习惯，如遵守实验操作规程、不触摸有毒化学品、不将实验室物品带出实验室等。

此外，实验室应建立职业健康监护制度，定期对工作人员进行健康检查，及时发现和处理职业病问题。为长期接触职业病危害因素的工作人员提供特殊的健康监护和医疗支持。在发生职业病事故时，实验室应立即启动应急预案，采取有效措施防止事故扩大，同时向相关部门报告，并配合事故调查和处理。

总之，职业健康安全是实验室安全管理的重要组成部分，需要实验室管理人员、工作人员和相关部门共同努力，通过科学管理、有效控制和教育培训，保障实验室工作人员的健康和安全。

第三节 实验室安全管理体系实践

一、生物安全实验室安全管理体系实践

（一）生物安全实验室安全管理建议

基于生物安全实验室安全管理方面存在的问题，借鉴国内外生物安全实验室安全管理经验，生物安全实验室安全管理应着重做好以下几方面工作。

1. 健全安全管理体系

参考世界卫生组织发布的《实验室生物安全手册》（第4版）和美国国立卫生研究院和疾病控制和预防中心联合编写的《微生物和生物医学实验室生物安全》（第6版）中的相关规定，在现有生物安全实验室管理体系基础上，整合实验室安全管理要求，厘清实验室涉及的各类安全管理要素，应用系统管理理论进行管控。对实验室生物安全管理手册、程序文件、作业指导书、记录表格等进行修订完善，确保管理体系中各类安全要素全覆盖。同时，在生物安全管理体系的运行过程中，不断总结管理经验，完善管理体系，以实现实验室既定的安全方针和目标。

2. 明确安全管理责任

落实《中华人民共和国生物安全法》"病原微生物实验室设立单位的法定代表人和实验室负责人对实验室的生物安全负责"的规定，压实各级管理责任。设立生物安全管理委员会，负责审查实验室内部开展的实验活动；任命专职生物安全员，就生物安全工作向管理层和实验室人员提供指导和建议。明确实验室各级人员的安全职责，如实验室安全负责人对实验室的总体安全情况负责，各级安全负责人对本领域或本实验室的安全情况负责，普通实验室人员对自己工作范围内的安全情况负责，形成全员参与、安全共治的模式。

3. 强化安全风险评估

风险评估是保障实验室安全的重要前提。LBM（第4版）和BMBL（第6版）取消了生物因子风险直接对应于实验室生物安全水平刚性的分级分类，强调基于风险评估的生物安全策略，切实做好风险评估工作，对避免实验室安全事故的发生具有重要作用。我国实验室管理人员应吸收其先进理念，结合RB/T040-2020《病原微生物实验室生物安全风险管理指南》，从收集信息、评估风险、制定风险策略、选择并实施控制措施、风险复核和控制措施等方面着力强化实验室生物安全风险评估，实现实验室风险可控。

4. 细化安全管理规定

当生物安全实验室的安全管理规定不够详细时，相关人员应及时修订，提高操作规程的可操作性，即完善生物安全实验室风险评估、安全监督检查、应急处置、安全培训等制度，细化生物安全实验室设备安全操作、消毒安全操作、个人防护、实验工作准入审核、废弃物处置、样品管理、化学品安全使用及泄露应急处置、消防安全、信息安全和涉密管理等安全管理规定，并通过开展内部审核、管理评审以及加强监督检查等方式，对安全制度和规定落实情况进行总结和评价，发现安全管理问题及时改进。

5. 加强安全教育培训

国内外发生的生物安全实验室安全事故多由实验室人员安全意识淡薄、操作不当、安全管理能力不足所致。针对当前部分生物安全实验室培训模式单一、培训内容缺乏系统性、强调现学现用、培训效果评价流于形式等问题，相关人员应当建立科学的生物安全实验室安全培训机制。充分调研培训需求，明确将实验室所有安全要素和管理规定纳入培训内容；采用现场教学、实践、突发事件模拟等多样化培训手段；开展科学评估，将安全培训工作资格化、专业化、普及化，提升实验室人员的安全知识水平和安全意识，着力形成"安全文化"。

（二）生物安全实验室管理体系示例

以某海关系统动物检疫生物安全实验室为例，该实验室已通过动物检疫二级生物安全实验室认可，建立了较为成熟的生物安全管理体系。课题组在该实验室原有的管理体系基础上，以不增加体系运行的难度和工作量为前提，完善了安全管理要素，细化了实验室安全操作规范，形成了更为健全的生物实验室安全管理体系。就明确安全管理责任来说，修订和增加3个管理手册和程序文件相关内容；就强化风险评估来说，全面修订《风险评估和风险控制程序》；就细化安全管理规定来说，修订细化11个程序文件和作业指导书，补充增加了6个程序文件和操作规程；就加强安全教育培训来说，重点从8个具体方面细化《人员培训管理程序》。该管理体系完善后，经过2个月的运行，状态良好，实验室管理顺畅、安全管理脉络清晰、安全管理效率有效提高，达到了预期效果。

生物安全实验室的安全运行是一个持续改进的过程。随着全球生物安全实验室安全管理理念的不断更新，实验室安全管理要求不断提高，生物安全实验室安全管理体系必将不断完善，以提升安全风险预警和防范能力。

二、学术型实验室安全管理体系完善措施

安全管理体系的核心是安全管理组织机构、体系的运行和维护工作，包含规章制度的建立、危化品的审批、安全检查工作等。通常高校涉及安全的岗位包括第一责任人（最高管理者）、安全分管领导、安全管理职能部门、实验室第一责任人等，实现自上而下的安全分级管理体系以及保障体系，确保责任落实到位，保障学术型实验室正常运行。

（一）完善规章制度，落实规范化管理

为了防止相关的实验室安全事故，系统安全工程理论提出了"三E对策"。即Enforcement（强制，法制）、Education（教育）和Engineering（技术）。法制是实验室管理的基石，要遵守法律，严格执法，查处违规行为，加强实验室安全管理。教育即利用各种形式的教育和培训，使师生增强安全意识，学习和掌握各种安全知识和技能，提高处理安全隐患的能力；技术即采用技术手段，实现化学试剂从购买、运输、储存、使用、废弃的闭环管理，从而有效预防高校实验室化学试剂流动过程中的安全隐患，提高化学实验室安全水平。

学术型实验室需加强组织管理，实验室需要具备消防、设备、化学品储存、危险废物处理、内务管理、实验准备、操作过程、安全责任等制度规范，并加强化学品统一分类和标签制度、化学品安全技术说明书知识普及和实验技术人员队伍建设，开展实验室管理研究，提升实验室管理水平。

全面完善规章制度，确保"不漏一人，不遗一物"，如《实验室安全管理

制度》《实验室贵重仪器设备管理办法》《实验室危险废物处置管理办法》《实验室仪器共享管理办法》《实验室开放管理制度》《实验室岗位安全责任制度》《学生监管工作管理规定》《实验室准入和岗前培训制度》《实验室应急预案》《实验室安全管理调查办法》等。在上述安全制度中,要特别落实责任人的责任,并定期检查实验室管理质量,不断完善实验室规章制度。

(二)规范试剂和设备的安全管理

实验室内的试剂和药品必须从其采购、领取、使用、储存和废物处理等各个环节进行管理,实现规范化、闭环化管理,并采取责任人负责制。学生进行专业实验时,必须有责任教师在场,以确保实验过程的安全。实验室内不应储存过量的试剂和药物;实验过程中所用的试剂和药物应根据其化学性质进行存放;实验室工作台应保持清洁,避免试剂和药物混用。

高校要严格管理学术型实验室的危险化学品,确保做到无丢失、无被盗、无违章、无事故、保安全,达到"四无一保"的要求。对剧毒、放射性危险品,要严格安全防范,实行双人保管、双人收发、双人使用、双人运输、双把锁、双账本的"六双"管理制度。

实验室的整个安全运行机制要不断完善改进,建立危险化学品采购、运输、储存、使用、处置全过程的安全监控体系,建设和完善实验室安全应急评价体系、实验危险废物处理备案制度。

整个实验楼内的气瓶实行集中管理,在实验楼外建设独立的气瓶房,分别存放可燃气体、助燃气体和不燃气体,并安装泄压通风装置,且必须使用集中供气系统来供气。配备压力表、减压阀、安全阀、阻火器等安全保护装置,在气瓶与实验室连接的管道中安装压力监测装置。为保证供气安全,实验室配备了二次减压系统,确保用气安全。工程技术实验室的大型实验室设备与电路系统之间保持安全距离,以保证安全用电。由于许多设备需要用水,安装排水装置或排水沟以确保实验的安全。此外,严禁在实验室外堆放废弃物。

(三)加强安全教育培训,强化师生安全意识

我们需要找出阻碍学生、教师和工作人员系统地接受学习和应用安全原则的根源。了解需要哪些干预、奖励和惩罚措施来克服这些障碍;了解如何从本科一年级(或更早)开始更好地实施有意义和有影响的安全培训,以及如何在学生培养期间以及教师指导中不断地加强安全培训,从而使用适当的方法确定培训方法的有效性,并查看可量化的结果,同时确定如何解决学术环境中安全研究和培训的固有挑战,如工作人员和学生的高流动性。

重视安全意识教育是保证学术型实验室科学研究正常开展的前提,安全

意识教育、安全技术学习和安全体系建设对于学术型实验室的安全至关重要。学术型实验室要加强安全培训和考核机制，增强师生安全责任感，此外，应安排专门的监督人员对实验人员的安全培训项目的效果进行评估。实验室要定期开展水、电使用安全，各类药品、试剂的性质和使用等方面的教育研究，规范安全教育培训制度，执行严格的专业操作规程。学术型实验室需要完善安全防护设施，保障安全防范无死角。灭火器材应放置在显眼、容易接近和相对安全的位置，并安装标志，定期检查并及时维护更新，使其始终处于良好状态。此外，对于使用或生产危化品及有毒化学品的实验室，应配备基本的应急救援急救包，确保事故得到及时处理。

（四）强化监督检查，压实实验室安全管理责任

学术型实验室要防范风险必须建立双重防范机制，即安全风险分级管控与隐患排查治理机制，要围绕双重预防机制制定相应的安全风险辨识目标与安全风险分级管控目标，加大力度做好隐患排查治理工作，并建立一套系统的、完善的、有效的服务体系，确保双重预防机制能发挥功能。专业实验室安全检查项目，包括但不限于危险废物收集区、化学品的储存、应急设备的维护（如洗眼器、灭火器）、专业防护设备（如通风橱、超净台）、个人防护设备、与安全有关的文件（如安全培训记录、应急行动计划）、当前的化学品清单、内务管理、电气安全、消防、标识和警示标签。检查频率至少为一年一次。有高风险或危险试剂和设备（如危险气体、极度危险的化合物）的实验室、放射性材料实验室、三级生物实验室，需要更加严格甚至苛刻的管理和监督方案。

第四章 实验室安全布局、设施与装备

第一节 实验室安全布局

针对当前我国发生的重大突发公共卫生事件，充分把握新形势下安全发展的新要求，加快建设布局合理、功能完善、统筹管理、高效运行的国家高级别生物安全实验室网络体系，将是当下生物安全实验室建设领域的工作重点。

工艺平面布局是生物安全实验室工程设计和建设的重要内容，科学合理的工艺布局首先应满足生物安全操作的风险控制要求，符合工艺使用需求和适用范围，在合规的前提下尽可能具有灵活性、前瞻性及经济性。

一、建筑功能布局

高级别生物安全实验室是指生物安全防护级别为三级和四级的生物安全实验室，实验室布局应明确区分辅助工作区和防护区，在建筑物中自成隔离区域或为独立建筑物，且有出入控制。三级生物安全实验室与其他实验室可共用建筑物，共用时应独立成区，设在一端或一侧；四级生物安全实验室可以为独立建筑物，或与其他级别的生物安全实验室共用建筑物。现行国标没有对三级生物安全实验室独立建筑物最小间距给出数值，但要求本建筑物室外排风与相邻建筑间距不小于20m。四级生物安全实验室宜远离市区，主实验室所在建筑离相邻建筑或构筑物的距离不小于相邻建筑或构筑物高度的1.5倍。

独立建筑物的实验室区域内多采用"盒中盒"布局方式，防护区总是由次级围墙或其他保护措施与外部分开，以确保最高风险区域被包围在"盒子"中间，将生物安全风险降至最低。

二、功能用房及面积规划

在设计初期应根据实验规划方案和使用需求确定防护区内核心工作间的个数、面积和等级。由于投资及防护操作的复杂程度有较大差别，不同生物安全等级的主实验室不宜设在同一单元内，可相互毗邻，通过负压走廊或传递窗进行衔接。根据不同功能定位，高级别生物安全实验室整体区域划分为实验室区域、配套用房区域和交通区域，其中实验室区域主要为防护区，承担实验室操作功能，其余区域均为实验室的支持区域。

高级别生物安全实验室建设是一个复杂的系统工程，涉及环节众多。在高级别生物安全实验室的建设中，除实验室区域外，配套用房及交通区域必不可少，甚至占用更大的面积。实践中常用"毛净比"这一概念在规划初期估算整个实验室面积规模。净面积被定义为实验室有效面积，毛面积为所有面积。

三、设备与功能结合的布局思路

在实验室工艺布局设计中，应结合各类实验室仪器设备的操作特点和要求，充分考虑其对房间布局的影响。实验室区域应考虑大型设备的出入口，设备出入口应采取灭菌消毒措施。实验室应有充足的设备摆放空间和操作空间，便于维修和开展相关完整性测试或消毒效果验证工作。生物安全实验室关键防护设备如生物安全柜、手套箱、隔离器等，其布置除满足规范要求的距边、距顶尺寸外，还应保证人员操作及物料运转空间，不应将设备设置于人员或物料的交通流线上，最大程度地避免对实验操作的干扰。

四、吊顶设计

一般而言，实验室装修装饰根据设计规范以及实际需求开展。其中室内环境：顶棚宜光洁、无眩光、不起尘、不积尘；通风与空调风管系统的进排风口的洞口周边与室外应有完整的密闭措施；供暖通风空调系统应采取综合措施防止污染物和噪声振动对周边室内外环境产生不良影响。某单位实验室设计与装修时，总体根据实验室实验用房环境温湿度控制的需要，在理化实验室和仪器室采用了活动板式吊顶，即普通的铝扣板吊顶，一是满足整洁、防尘及美观的要求，二是有利于房间内环境温度的控制。但仪器室铝扣板吊顶上的空间较大（离楼板约80cm，满足通风、集中供气等管线布设的需要），在仪器室长时间开空调控温后，仪器室室温与铝扣板吊顶上的空间温度有几摄氏度的温差，而普通铝扣板吊顶上的空间密闭，无法与仪器室内的空气进行交换，后果是吊顶铝扣板上常会出现冷凝水，冷凝水滴到地面、台面影响卫生，甚至有时会滴在仪器上，对仪器安全及用电安全造成极大隐患。

五、降噪设计

实验室设计师为实验区域设计噪声防护的主要依据是：产生噪声、振动的房间不宜与实验室、会议室、学术活动室等房间比邻，如相邻应采取隔声、降噪、减振措施。

事实上，在一个独立的实验室楼内，实验区域噪声的主要来源是检测过程中的各种辅助设施。某单位设计实验室时，仪器室之间用了很多纯玻璃做隔断，将一套或多套设备与其附属设施设置在同一间房内。在实际工作中，原子吸收仪配套空压机、等离子发射光谱仪的冷却循环水机、等离子质谱仪的冷却循环水机和真空泵、液质联用仪的初级泵等在运行过程中均会发出较大的噪声，由于这些设备附件及附属设备就放置在主机旁边，其噪声对操作人员造成很大的干扰。在消除噪声源对操作人员干扰方面的经验是：在实验室建设规划布局初期就统筹考虑各检测设备的附属设施或配套设备运行时产生的噪声污染，必要时就近设置房中房隔离等附属设施设备，从而不影响其正常使用。

六、特殊气体供应系统（集中供气系统）

集中供气作为气源配置的一项非常成熟的技术，近年来已经被广泛应用于各种理化实验室，以低温贮槽、钢瓶等作为气源，配置汇流排等手动、自动切换系统，实现气体的不间断供应。同时通过耐压不锈钢管道将气体输送到用气端，每个端口的压力和流量可以按照仪器的要求进行单独控制，可以满足各种仪器设备的使用要求。其主要优点包括：充分保证了气体的纯度；液氮、液氩蒸发后纯度均达到99.99%以上，可以满足绝大部分仪器分析的要求；减轻了实验室工作人员频繁更换和搬运气瓶的工作量，使实验室更加美观、整洁、安全、卫生；配备手动或自动调压系统，操作简单，可确保气体不间断供应和使用压力恒定的要求。但集中管道供气也存在初期投资大的缺点，使用杜瓦罐等作为气源供气方式的，还需要专人进行日常管理和维护。

七、通风系统

实验室通风系统建设是实验室建设的重要环节，其建设投资占比也较大。实验室是用于完成各种实验工作的特殊场所，其通风系统设计的好坏直接关系实验室工作人员的身体健康。另外，实验室通风系统的设计布局是否合理关系能否保障实验室检测工作的质量，也与能否避免检测工作间的相互干扰有较大相关性。

八、实验室环保系统

科研建筑设计应符合国家现行有关安全、消防、卫生、辐射防护、环境保护的法规和规定。当排风系统排出的有害物浓度超过国家现行相关标准规定的允许排放标准时，应采取净化措施；当排放的含有毒有害物质的污水不能达到排放标准时，应进行专业处理。

近年来，随着人们环保意识和法律意识的增强，化学实验室的污染问题备受关注。对于废气、废液、固体废物、放射性等污染物排放频繁、超出排放标准的实验室，要安装符合环境保护要求的污染治理设施，保证排放达标；严禁把废气、废液、废渣和废弃化学品等污染物直接向外界排放。

为了降低实验室对环境的污染，应把实验室环境污染治理工程纳入实验室设计与建设，使之成为实验室建设和设计中必不可少的一部分，从而有利于观测、落实各项实验室环境污染的防治措施；在保证实验效果的前提下，用无毒害、无污染或低毒害、低污染的试剂替代毒性较强的试剂；加强实验室废液分类收集与处理，全面推行绿色科学、清洁实验。

实验室环境污染治理工作主要包括以下几个方面：实验室废气处理工程、实验室废水处理工程、实验室噪声污染理处工程、防治电磁辐射污染、加强实验室生物多样性保护与生物安全管理。其中，实验室排放的废气有无机酸性废气、有机废气。排放特点为废气种类、浓度变化较大、间歇性操作。由于实验室有机废气浓度总体不高，系统运行的大部分时间内只有在进行相关实验操作时才有污染物排放，为使活性炭吸附装置中活性炭使用周期延长，可在有机废气排放口引入吸附装置处设置远程切换旁路装置，即有污染物排放才用活性炭吸附，否则直接排空。

第二节 实验室安全设施

一、实验室生物安全

实验室生物安全是指实验室所采取的避免危险因子造成实验室人员暴露、向实验室外扩散并导致危害的综合措施。这种综合措施包括规范的实验室设计建造、实验室设备的配置、个人防护装备的使用、严格遵从标准化的工作操作程序和管理规程等。通过采取这些综合措施达到保护实验室工作人员不受实验对象的伤害、保护样品不交叉污染、保护周围环境不受污染的目的。

根据所操作微生物的不同危害等级，需要相应的实验室设施、安全设备以及实验操作和技术，而这些不同水平的实验室设施、安全设备以及实验操作和技术构成了不同等级的生物安全水平（Biosafty Level，BSL）。生物安全水平分成四个级别，一级防护水平最低，四级防护水平最高。其中，以 BSL-1、BSL-2、BSL-3、BSL-4 表示实验室相应的生物安全防护水平；以 ABSL-1、ABSL-2、ABSL-3、ABSL-4 表示动物实验室相应的生物安全防护水平。

实验室设施和设计、安全设备及个人防护装备又可分为一级防护屏障和二级防护屏障。一级防护屏障是指操作者和被操作对象之间的隔离，即由实验室的生物安全柜和个人防护装备等构成的防护屏障。二级防护屏障是指生物安全实验室和外部环境的隔离，即由实验室的设施结构和通风系统等构成的防护屏障。通过防护屏障和管理措施达到生物安全要求的实验室就是生物安全实验室。

生物安全实验室设施是保障实验室生物安全的基础，其在保障实验室生物安全中占有极其重要的位置。

实验室生物安全设施包括实验室选址、建筑结构和装修、空调通风和净化、给水排水和气体供应、电气和自控、消防等方面。具体来讲包括实验室是否需要在环境与功能上与普通流动环境隔离；是否需要房间能够密闭消毒；是否需要向内的气流还是通过建筑系统的设备或是通过 HEPA 过滤排风的通风；是否需要双门入口、气锁、带淋浴的气锁、缓冲间、带淋浴的缓冲间、污水处理、生物安全柜；高压灭菌器是在现场还是在实验室内或是双门；是否需要人员安全监控条件，包括观察窗、闭路电视、双向通信设备。

二、各级生物安全防护水平实验室的设施要求

（一）BSL-1 和 BSL-2 实验室的设施要求

1. 注意事项

在设计实验室和安排某些类型的实验工作时，要特别关注那些可能造成安全问题的情况，这些情况包括：气溶胶的形成、处理大体积和（或）高浓度微生物、仪器设备过多或摆放过度拥挤、啮齿动物和节肢动物的侵扰、未经允许人员进入实验室、工作流程、一些特殊样品和试剂的使用。

2. 具体要求

无需特殊选址，普通建筑物即可，但必须为实验室运行、清洁和维护提供充足的空间，应有防止节肢动物和啮齿动物进入的设计，实验室出口应有在黑暗中可明确辨认的标识。

实验室墙壁、天花板和地板应当易清洁、不渗液并具有耐化学品和消毒剂的特性。地板应当防滑，不得铺设地毯。如有可开启的窗户，应设置纱窗。

实验台面应是防水的，并具有耐消毒剂、酸、碱、有机溶剂和中等热度的特性。

应保证实验室内所有活动的照明,避免不需要的反光和强光。

实验室器具应当坚固耐用,实验台、生物安全柜和其他设备之间及其下面要保证有足够的空间以供清洁卫生。

应当有足够的储存空间来摆放随时使用的物品,以免在实验台和走廊内造成混乱。在实验室的工作区外还应提供另外可长期使用的储存空间。

应当为安全地储存及操作溶剂、放射性物质、压缩气体和液化气提供足够的空间和设施。

在实验室的工作区外应当有存放外衣和私人物品的设施。个人便装应与实验室工作服分开放置。

每个实验室都应有洗手池,并最好安装在出口处,尽可能采用冲洗设施。

实验室的门应带锁并能自动关闭;应有可视窗,并达到相应的防火等级。

实验室达二级生物安全水平时,应在靠近实验室的位置配备高压灭菌器或其他清除污染的工具。有关仪器设备应按要求定期检查和验证,以保证符合要求。

实验室安全系统应当包括消防、应急电源、应急淋浴以及洗眼等设施。

实验室应当配备适当的医疗装备以及易于进入急救区或急救室的专属通道。

在设计新的设施时,应当考虑要设置机械通风系统,以使空气向内单向流动。如果没有机械通风系统,那么实验室窗户应当能够打开,同时应安装防虫纱窗。

必须要为实验室提供可靠和高质量的用水。要保证实验室水源和饮用水源的供应管道之间没有交叉连接。应当安装防止逆流装置来保护公共饮水系统。

实验室要有可靠和充足的电力供应和应急照明,以保证人员安全离开实验室。备用电源或不间断电源系统对于保证重要设备的正常运转(如培养箱、生物安全柜、冰箱等)以及动物笼具的通风是必要的。

实验室要有可靠和充足的气体供应。供气设施必须有良好的密闭性并得到良好维护。

实验室和动物房偶尔会成为某些人恶意破坏的目标,因此设计时必须考虑物理和防火安全措施。必须使用坚固的门、纱窗以及门禁系统,必要时还应使用其他措施来加强安全保障。

(二)BSL-3 实验室的设施要求

除下列要求外,应适用 BSL-1 和 BSL-2 实验室的设计和设施要求。

BSL-3 实验室应在建筑物中自成隔离区(有出入控制)或为独立建筑物。BSL-3 实验室由清洁区、半污染区和污染区组成。污染区和半污染区之间应设缓冲间。必要时,半污染区和清洁区之间也设缓冲间。半污染区应设供紧急撤离使用的安全门。污染区与半污染区之间、半污染区和清洁区之间应设置传递窗,传递窗双门互锁装置不能同时处于开启状态,传递窗内应设物理消毒装置。实验室围护结构内表面应光滑、耐腐蚀、防水,以易于消毒清洁;所有缝隙层可靠密封，防震、防火。围护结构外围墙体应有适当的抗震和防火能力。天花板、地板、墙间的交角均为圆弧形且可靠密封。地面应防渗漏、无接缝、光洁、防滑。实验室内所有的门应可自动关闭，实验室出口应有在黑暗中可明确辨认的标识。外围结构不应有窗户，内设窗户应防破损、防漏气及安全。所有出入口处应采用防止节肢动物和啮齿动物进入的设计。

应安装独立的送排风系统以控制实验室气流方向和压力梯度。应确保在使用实验室时气流由清洁区流向污染区，同时确保实验室空气只能通过高效过滤后经专用排风管道排出。送风口和排风口的布置应该是对面分布，上送下排，应使污染区和半污染区内的气流死角和涡流降至最低程度。送排风系统应为直排式，不得采用回风系统。由生物安全柜排出的经内部高效过滤的空气可通过系统的排风管直接排出或排入实验室专用排风管道。应确保生物安全柜与排风系统的压力平衡。实验室的送风应经初、中、高三级过滤，保证污染区的静态洁净度达到7~8级。实验室的排风应经高效过滤后向空中排放。外部排风口应远离送风口并设置在主导风的下风向，应至少高出所在建筑2m，应有防雨、防鼠、防虫设计，但不应影响气体直接向上空排放。高效空气过滤器应安装在送风管道的末端和排风管道的前端。通风系统、高效空气过滤器的安装应牢固，符合气密性要求。高效过滤器在更换前应消毒，或采用可在气密袋中进行更换的过滤器，更换后应立即进行消毒或焚烧。每台高效过滤器安装、更换、维护后都应按照经确认的方法进行检测，运行后每年至少进行一次检测以确保其性能正常。在送风和排风总管处应安装气密型密闭阀，必要时可完全关闭以进行室内化学熏蒸消毒。应安装风机和生物安全柜启动的自动联锁装置，确保实验室内不出现正压和确保生物安全柜内气流不倒流。排风机两台互为主备，由程序控制交替使用。

在污染区和半污染区内不应另外安装分体空调、暖气和电风扇等。相对室外大气压，污染区为-40Pa（名义值），并与生物安全柜等装置内气压保持安全、合理的压差（5~10Pa）。保持定向气流并保持各区之间气压差均匀。应安装各区域压力变化情况监控系统并记录压力变化情况。实验室内的温度、湿度应符合工作要求，且适合人员工作。实验室的人工照明应符合工作要求。实验室内噪声水平应符合国家相关标准。

（三）BSL-4实验室的设施要求

根据硬件装备，BSL-4实验室可分为生物安全柜型、正压防护服型和混合型三类。三级生物安全水平实验室的要求也适用于四级生物安全水平实验室，但在实验室选址与布局、基本防护、准入控制、通风系统控制、污水的净化消毒、废弃物和用过物品的灭菌、气锁室、应急电源和安全防护排水管等方面有新的和更高的要求。

三、实验室设施设备的监测、检测、使用和维护

实验室内各种设施要符合生物安全及其他相关规定，所使用的所有仪器应经过安全使用认证。电路中必须安装断路器和漏电保护器。

大型仪器、设备、精密仪器由专人负责保管、登记、建档，仪器设备的使用者需经专业技术培训，持证上岗。

仪器设备应在检定和校准的有效期内使用，并按照检定周期的要求进行自检或强检，对使用频率高的仪器按规定在检定周期内进行期间核查。

主要仪器设备应有操作规程、注意事项、相关技术参数、使用和维护记录，并置于显见易读的位置。仪器使用者必须认真遵守操作规程，并做好仪器设备使用记录，定期维护仪器设备。

仪器设备所用的电源必须满足仪器设备的供电要求。用电仪器设备必须安全接地。电源插座不得超载使用。仪器设备在使用过程中出现断路保护时，必须在查明断电原因后再接通电源。不准使用有用电安全隐患的设备（如漏电、电源插座破损、接地不良、绝缘不好等）。

仪器设备在使用过程中发生异常，需及时记录在仪器随机档案上，维修必须由专业人员进行，并做维修记录。

仪器设备使用结束后，须按日常保养进行检查清理，使其保持良好状态。

所有仪器设备应加贴唯一性标识及准用、限用、禁用标志。

在压力容器、大功率用电设备、高速旋转设备运行期间，必须有人看守，并有处理事故的相应措施及设备。长期用电设备（如冰箱、培养箱）应定期检查，并记录运行情况。

因故障或操作失误可能产生某种危害的仪器设备，必须配备相应的安全防护装置。

使用直接接触污染物的仪器设备前，必须确认相应的安全防护装置能正常启用。实验工作完成后，必须对接触污染物的仪器设备进行清洗、消毒。

实验室内应指定专人对安全设备和实验设施/设备进行维护管理，保证其处于完好工作状态。仪器设备较长时间不使用时，应定期通电、除湿，有记录，保持设备清洁、干燥。例如，每年应对仪器设备进行一次常规检测，定期对离心机的离心桶和转子进行检查。

冰箱应定期化冰、清洗，发现问题及时维修。实验区冰箱内禁止放个人物品及与实验无关的物品。

仪器设备在维修和维护保养前、运出实验室前须进行消毒处理。

第三节 实验室安全装备与防护工具

一、头部防护装备

头部防护装备是指为了保护工作人员头部(包括嘴巴、鼻子、眼睛等器官)不受物体伤害和其他因素危害而配备的防护装备,主要包括呼吸防护装备、护目镜、安全帽和护耳器。

(一)呼吸防护装备

呼吸防护装备也称呼吸器,是指防止有毒有害物质和缺氧空气进入呼吸道的防护装备。按防护原理不同,呼吸防护装备可分为过滤式呼吸防护装备和隔绝式呼吸防护装备。

1. 过滤式呼吸防护装备

过滤式呼吸防护装备是指通过净化部件的吸附、吸收、催化或过滤等作用去除混入空气中的有毒有害物质,并把净化后的空气供给使用者呼吸的防护装备。它只能在不缺氧的环境中使用,且需要定期更换,是日常工作中使用较为广泛的一类呼吸防护装备。

过滤式呼吸防护装备主要由过滤元件和面罩两部分组成。过滤元件由用于防尘的过滤棉和用于防毒的化学过滤盒构成,主要作用是过滤空气中的粉尘及有毒有害物质。面罩分为全面罩和半面罩两种,其中全面罩可罩住整个面部,半面罩可罩住口、鼻等器官。面罩的主要作用是将使用者的呼吸器官与外界空气隔离。

实验室常用的过滤式呼吸防护装备主要有棉布/纱布口罩、活性炭口罩、医用防护口罩和过滤式防毒面罩,具体如表4-1所示。

表4-1 实验室常用的过滤式呼吸防护装备的类型及特点

类型	特点
棉布/纱布口罩	能过滤空气中较大的颗粒物,不能过滤空气中的有毒有害物质
活性炭口罩	由无纺布、活性炭纤维布、活性炭颗粒等材料制成,能对空气中低浓度的苯、氨、甲醛、酸性挥发物、农药及固体颗粒物等起到吸附和阻隔作用
医用防护口罩	由无纺布、熔喷布等材料制成,可阻隔空气中的飞沫、血液、体液、粉尘等物质,在一定程度上可阻隔传染性病原体
过滤式防毒罩	以超细纤维材料、活性炭等吸附材料为核心过滤材料,可以保护口、鼻、眼睛、皮肤等器官不受有毒有害物质的直接伤害,并且具有较好的密合效果和较高的防护效能

2. 隔绝式呼吸防护装备

隔绝式呼吸防护装备可以将使用者的眼睛、嘴巴、鼻子、耳朵与作业环境中的空气隔绝，并且依靠自身携带的气源或导气管引入作业环境以外的洁净气源，从而供使用者呼吸。

按供气形式不同，隔绝式呼吸防护装备可分为携气式呼吸防护装备和供气式呼吸防护装备。其中，携气式呼吸防护装备是使用者携带空气瓶、氧气瓶或生氧器等作为气源的一种隔绝式呼吸防护装备；供气式呼吸防护装备是使用者依靠自主呼吸或借助机械动力经导气管引入洁净气源的一种隔绝式呼吸防护装备。

一般来说，实验人员在不缺氧的环境中使用过滤式呼吸防护装备即可，但是若环境中存在过滤材料不能滤除的有毒有害物质，氧气含量≤18%，或者有毒有害物质浓度高于或等于立即威胁生命或健康浓度时，只能考虑使用隔绝式呼吸防护装备。

（二）护目镜

护目镜又称防护眼镜，主要作用是防止粉尘、烟尘和飞溅的金属、砂石、碎屑及化学溶液等对眼睛造成伤害，保护眼睛免受紫外线、红外线、微波、X射线、α射线、β射线、γ射线等的辐射。实验场合不同，实验人员对护目镜的需求也不同。实验室常用的护目镜主要有防固体碎屑的护目镜、防化学溶液的护目镜和防辐射的护目镜三种，具体如表4-2所示。

表4-2 实验室常用护目镜的类型及其特点

类型	特点
防固体碎屑的护目镜	防止金属、砂石、碎屑等固体物质对眼睛造成机械伤害
防化学溶液的护目镜	防止有刺激性或腐蚀性的化学溶液对眼睛造成化学伤害
防辐射的护目镜	防止紫外线、红外线、微波、X射线、α射线、β射线、γ射线等对眼睛造成辐射危害

（三）安全帽

安全帽又称安全头盔，是指保护使用者头部不受坠落物、小型飞溅物及其他特定因素的伤害的防护装备。

按性能不同，安全帽可分为普通型安全帽和特殊型安全帽。其中，普通型安全帽具备基本防护性能，主要用于一般作业场所，如建筑工地、造船场所等；特殊型安全帽除了具备基本防护性能，还具备一项或多项特殊性能（如阻燃、防静电、耐低温、耐极高温、侧向刚性、电绝缘性能等），适用于与其性能相应的特殊作业场所。

（四）护耳器

护耳器是指保护使用者的听觉，使其免受噪声过度刺激的防护装备。实验室常用的护耳器主要有耳塞和耳罩。

1. 耳塞

耳塞是指插入外耳道或置于外耳道口处的一种护耳器。实验室常用的耳塞有泡棉耳塞和预成型耳塞。其中,泡棉耳塞由发泡型材料制成;预成型耳塞由橡胶、硅胶、聚酯等合成材料制成,并且被预先模压成一定形状。

2. 耳罩

耳罩是指由压紧耳廓或围住耳廓四周并紧贴头部的罩杯等组成的一种护耳器,适用于噪声较高的环境。佩戴耳罩时,应先检查罩杯有无裂纹和漏气。经检查确认没有问题后,再将耳罩戴好。

二、手部、足部防护装备

(一)手部防护装备

手部防护装备是指保护手、腕、臂免受化学、物理、生物等外界因素伤害的防护装备。实验室常用的手部防护装备主要指防护手套,包括聚乙烯手套、聚氯乙烯手套、丁腈手套和隔热手套,具体如表4-3所示。

表4-3 实验室常用防护手套的类型及其特点

类型	特点
聚乙烯手套	采用聚乙烯吹模压制而成的一次性透明薄膜手套,具有无毒、防水、防油污、抗菌、耐酸碱等特点,但不耐磨
聚氯乙烯手套	以聚氯乙烯为主原料,采用特殊工艺制作而成的手套,具有耐弱酸弱碱性、防静电性能及良好的灵活性和触感等特点,可在无尘环境中使用
丁腈手套	由丁二烯和丙烯腈经乳液聚合法制作而成的手套,具有较好的耐油性、耐磨性和耐热性,可广泛应用于化工、生物、食品加工、美容美发等行业
隔热手套	可隔热,大多用于化工、生物、食品加工、电子等行业的高温环境中

使用防护手套时应注意以下几点:使用前应检查防护手套是否老化、损坏;戴着防护手套的手不可触摸面部、门把手、电话、开关、键盘、鼠标、笔等;不能戴着防护手套离开实验室,以免造成二次污染;采取正确的方法脱防护手套,以防止防护手套上沾染的有毒有害物质接触皮肤或衣服。

(二)足部防护装备

足部防护装备是指保护使用者的足部免受物理、化学和生物等外界因素伤害的防护装备。实验室常用的足部防护装备主要有鞋套、防护鞋和防护靴。

三、躯体防护装备

躯体防护装备是指保护使用者躯体免受物理、生物等外界因素伤害的防护装备，如防护服。

当进行一般实验时，实验人员只需要穿实验服。实验服一般是长袖、过膝的对襟大褂，且多以棉或麻为材料，具有防一般性油污、粉尘及机械性损伤等特性。当进行一些对身体危害较大的实验时，实验人员需要穿有专门防护功能的防护服，如防 X 射线的铅防护服、阻燃防护服、耐酸碱防护服等。

其中，铅防护服是指用含铅胶皮制作的衣服，一般用于对 X 射线及核工业射线环境下工作的人员的防护。铅防护服的防护当量一般为 0.1～0.5mmpb，使用寿命一般为 5～8 年。存放铅防护服时不能将其折叠，否则容易造成折角部分破损而影响其防护效果。

阻燃防护服的面料中含有阻燃纤维，阻燃纤维可使纤维的燃烧速度大大降低。此外，阻燃防护服在燃烧时，燃烧部分会迅速炭化而不产生熔融、滴落或穿洞现象，给使用者提供了足够多的时间撤离燃烧现场或脱掉身上燃烧的衣服，减少或避免烧伤、烫伤，从而达到防护的目的。

四、消防器材

（一）灭火器

灭火器是一种可由人力移动的轻便灭火器材，它能在内部压力的作用下，将所充装的灭火剂喷出。灭火器有结构简单、操作灵活、使用方便等特点，是扑灭各类初起火灾的重要消防器材。

灭火器的种类繁多，各种灭火器适用的范围也不一样。按移动方式不同，灭火器可分为手提式灭火器和推车式灭火器；按驱动灭火剂的动力来源不同，灭火器可分为储气瓶式灭火器、储压式灭火器和化学反应式灭火器；按所充装的灭火剂不同，灭火器可分为干粉灭火器、二氧化碳灭火器、空气泡沫灭火器等。下面介绍几种实验室常用的灭火器。

1. 干粉灭火器

干粉灭火器是指以液态二氧化碳或氮气为动力，将喷射筒内的干粉喷出的一种灭火器。其中，干粉是一种干燥且易于流动的，由具有灭火效能的无机盐和少量添加剂经干燥、粉碎、混合而成的微细固体粉末。

（1）干粉灭火器的灭火原理。干粉灭火器主要有两个灭火原理：一是干粉中无机盐的挥发性分解物与燃烧过程中燃料产生的自由基发生化学抑制和负催化作用，使燃烧反应的链传递中断而灭火；二是干粉落在可燃物表面，与可燃物发生化学反应，并在高温作用下形成一层玻璃状覆盖层，达到隔绝氧气进而灭火的目的。此外，干粉还有部分冷却作用。

（2）干粉灭火器的适用范围。实验室常用的干粉灭火器有 ABC 干粉灭火器和 BC 干粉灭火器。其中，ABC 干粉灭火器中的药剂成分为碳酸铵盐，此类灭火器适于扑救 A 类、B 类和 C 类火灾；BC 干粉灭火器中的药剂成分为碳酸氢钠，此类灭火器适于扑救 B 类和 C 类火灾。

（3）手提式干粉灭火器的使用方法。干粉灭火器主要包括手提式干粉灭火器和推车式干粉灭火器。相比推车式干粉灭火器，手提式干粉灭火器在实验室中的使用更为广泛。

可按以下步骤使用手提式干粉灭火器：

步骤一：将灭火器提到距火源 5 m 左右处，选择上风位置，然后将灭火器上下颠倒几次，使筒内的干粉松动。

步骤二：将食指伸入保险插销环，拧转并拔下保险插销。

步骤三：一只手在靠近喷嘴处握住喷筒，并将喷嘴对准火焰根部。

步骤四：另一只手握住压把和提把并用力压下压把，即可使干粉喷出。

2. 二氧化碳灭火器

二氧化碳灭火器是指通过加压将液态二氧化碳压缩在灭火器筒体内，以便将二氧化碳喷出的一种灭火器。

（1）二氧化碳灭火器的灭火原理。二氧化碳灭火器主要有两个灭火原理：一是二氧化碳可以包围可燃物表面或分布在较密闭的空间，以降低可燃物周围或较密闭空间内的氧浓度；二是二氧化碳从灭火器中喷出时会由液态迅速转变为气态，并从周围吸收部分热量，使可燃物的温度降低。

（2）二氧化碳灭火器的适用范围。二氧化碳灭火器有流动性好、喷射率高、不腐蚀容器和不易变质等优良性能，主要适用于由图书、档案、贵重设备、精密仪器、600V 以下电气设备及油等引发的初起火灾。由于二氧化碳在一定条件下可与钾、钠、镁、铝等活泼金属发生反应，二氧化碳灭火器不适用于钾、钠、镁、铝等金属物质燃烧引起的火灾。此外，二氧化碳灭火器也不适用于硝化棉、赛璐珞、火药等自身含有氧化基团的化学物质燃烧引起的火灾。

（3）手提式二氧化碳灭火器的使用方法。相比推车式二氧化碳灭火剂，手提式二氧化碳灭火器在实验室中的使用更为广泛。手提式二氧化碳灭火器可分为手轮式二氧化碳灭火器和鸭嘴式二氧化碳灭火器两种。手轮式二氧化碳灭火器利用手轮的转动控制二氧化碳的释放，只可使用一次；鸭嘴式二氧化碳灭火器利用鸭嘴式开关控制二氧化碳的释放，随开随关，可多次使用。

手提式二氧化碳灭火器的使用方法与手提式干粉灭火器的使用方法大致相同。需要注意的是，若使用手轮式二氧化碳灭火器灭火，应按顺时针方向旋转手轮；若使用鸭嘴式二氧化碳灭火器灭火，应先拔下保险插销。

3. 空气泡沫灭火器

根据空气泡沫灭火剂种类的不同，空气泡沫灭火器可分为蛋白泡沫灭火器、氟蛋白泡沫灭火器、水成膜泡沫灭火器和抗溶性泡沫灭火器。

使用空气泡沫灭火器的方法大致为：手提或肩扛灭火器迅速奔向火场；距

离着火点 6m 左右时拔出保险插销，一只手握住压把，另一只手紧握喷筒；用力捏紧压把，打开密封或刺穿储气瓶的密封片，泡沫即可从喷枪口喷出。

（二）室内消火栓

室内消火栓也称室内消防栓，是指室内消防给水管网向火场供水的带有专用接口的阀门，是扑灭建筑物内火灾的主要设施。

1. 室内消火栓的分类

（1）按消火栓栓体出水口的数量划分。按消火栓栓体出水口的数量，室内消火栓可分为单出口室内消火栓和双出口室内消火栓。其中，按消火栓栓阀数量划分，双出口室内消火栓又可分为单阀双出口室内消火栓和双阀双出口室内消火栓。

（2）按消火栓阀体的结构划分。按消火栓阀体的结构不同，室内消火栓可分为直角出口型室内消火栓、45°出口型室内消火栓、旋转型室内消火栓、减压型室内消火栓和异径三通型室内消火栓。除此之外，室内消火栓还包括旋转减压型室内消火栓、减压稳压型室内消火栓、旋转减压稳压型室内消火栓。

2. 室内消火栓的使用方法

室内消火栓通常被安装在消火栓箱内，与消防水带、消防水枪等器材配套使用。可按下列步骤使用室内消火栓：

步骤一：遇到火情时，找到离火灾现场最近的室内消火栓，按下消火栓箱门上的弹簧锁，拉开消火栓箱门。

步骤二：拉出消防水带，并将其展开。

步骤三：将消防水带消火栓端与室内消火栓相连。

步骤四：将消防水带的另一端与消防水枪相连。

步骤五：逆时针旋开室内消火栓上的水阀开关。

步骤六：对准火源的根部喷射灭火。

（三）灭火毯

灭火毯又称消防被、灭火被、防火毯、消防毯、阻燃毯或逃生毯，它由玻璃纤维、陶瓷纤维和石棉等材料经过特殊处理后编制而成。

灭火毯具有光滑、柔软、紧密、绝缘、耐高温等特点，可用于初起火灾和作为逃生时的消防器材。具体而言，在火灾初起阶段，若周围没有其他灭火器材，火场人员可以把灭火毯盖在火源根部，火势会减小直至熄灭。如果发现火灾已经处于不能控制的态势，火场人员应把灭火毯裹在身上，并迅速逃离火灾现场。

第五章 实验室风险管理

第一节 实验室风险识别

一、实验室风险相关概念

进行实验室风险识别,首先必须弄清楚以下基本概念。

(一)风险

风险是指危险发生的概率及其后果严重性的综合。其中,实验室生物安全风险就是实验室活动所涉及的生物因子导致伤害、损伤和疾病发生的可能性,以及这些伤害、损伤和疾病严重性的综合。

(二)可忽视风险

可忽视风险是指在大多数情况下人们同意接受该水平或该水平以下的风险。一般为在95%可信度时,小于或等于百万分之一。

(三)可接受风险

在风险管理过程中,若风险可通过各种处理方式减小到可忽视的程度,那么这种风险为可接受风险。

(四)风险因素

风险因素是指增加损失(或损害)发生频率、程度的主、客观条件,包括转化条件和触发条件。风险因素是风险事件发生的潜在原因,有造成损失(或损害)的内在或外部原因。如果消除了所有风险因素,则损失(或损害)就不会发生。

(五)定性风险评估

定性风险评估就是用非数量的方式对风险进行评估分析。它得出的结论是"无风险""风险很小""中等程度风险""风险很大"。

（六）定量风险评估

定量风险评估就是用数学的方法计算风险发生的可能性和严重程度。

（七）半定量风险评估

在风险评估的过程中，由于存在某些不确定因素而无法进行定量风险评估，从而部分采用定性风险评估的方法。

（八）风险确定

风险确定是指以路径或表格的方式对潜在的风险因素进行详尽的分析。

（九）风险管理概念

风险管理是通过对各种风险因素进行科学、严谨的分析而作出正确的决定或采取应急措施的过程。

（十）风险交流

风险交流是指向所有有关人员（风险评估专家、决策者和公众）公开交换与风险相关的各种信息。

（十一）风险控制

风险控制是指为降低风险而采取的一系列措施。生物安全实验室应建立长期、持续的实验室生物安全风险评估制度，制订科学的评估程序，并在此基础上通过采取一系列控制措施，对生物风险加以有效控制。

二、实验室质量风险识别

在科技、经济高速发展的新时代，科研创新主阵地——高校实验室的实验环境日益复杂，已知或未知的安全风险导致实验室安全事故时有发生。近年来，中华人民共和国教育部提出"生命至上、安全第一"的安全管理新要求，高校实验室安全面临涵盖内容广、隐患类型多样、实验人员流动性强、安全意识薄弱等多重问题，可见安全管理仍然面临复杂且艰巨的任务。目前，实验室的安全风险防控最急切的需求是安全风险意识的提升和科学规范的实验室安全管理。

根据"海因里希法则"，安全事故的发生不是一个孤立的事件，而是一系列事件相继发生的结果，即是由人的不安全行为、物的不安全状态或不良环境诱发的。为了完善实验室安全管理、保障实验室安全，相关管理人员应从"人的安全行为""物的安全状态"和"安全的实验环境"三个要素评估、管理实验室安全风险，进而提升实验室人员的安全风险意识；进一步转变以"运动式""救火式"的安全管理模式为主的建章立制和督促检查，从被动的安全事故发生后的分析与处置转变为安全风险评估与事前预防；将空洞的安全规章制度落实为具有可操作性的标准化、规范化安全管理，科学合理地评估潜在的安全风险，使实验室安全风险可控并将安全事故损失降到最低。即在风险预判和识别的基础上，综合考量风险发生的概率、损失程度及其他因素，并与安全标准相比判断风险大小或确定风险等级，依此决定是否采取控制措施以及控制到何种程度。

（一）实验室质量风险识别应考虑的因素

1. 范围

实验室质量风险贯穿实验室管理的全过程，从抽样/采样、制样、检测/校准，到最终出具报告证书，质量风险如影随形，并在不同的环节中以不同的形式存在。此外，开展不同检测/校准活动的实验室还需要对所有相关类型的检测/校准活动（如环境检测、食品检测、消费品检测）的风险进行全面、系统识别。因此风险识别的范围覆盖了两个维度：一是检测/校准工艺流程的全部环节；二是实验室从事的所有检测/校准领域。

2. 时态

实验室质量风险的识别不仅要考虑当前存在的质量风险，还要考虑过去发生的质量风险事件以及将来可能存在的各种质量风险。过去质量风险事件，指过去发生的、对当前具有参考或借鉴价值的质量风险事件，如本实验室或行业内发生的各类违规处理案例、客户诉讼案例、索赔及重大投诉案例等。现在风险指当前阶段存在的质量风险，这类风险覆盖了实验室的全部活动和环节。将来风险指潜在的法律法规及技术规范的变化，新技术、新领域、新项目的开发，客户消费习惯和市场需求的变化等可能带来的风险。

3. 类型

实验室质量风险的类型有结果风险、过程风险、系统风险、策略风险和文化风险。

（二）实验室质量风险识别的步骤

1. 选择典型检测方法或检测对象

实验室可依据本实验室的实际情况，选择典型检测方法或检测对象，目的是实现精准识别并提高风险管理的效率。选择的典型检测方法或检测对象要基本覆盖本实验室同类型的检测方法和检测对象的检测工艺流程。

常见的检测方法有化学检测、物理检测、微生物检测、电气检测等；常见的检测对象有食品、玩具、纺织品、电子电器、医疗器械等，检测对象也可根据实际情况做进一步细化。举例来说，环境实验室可以按典型检测方法进行风险识别，如微生物检测、化学检测；也可以按典型检测对象（或检测对象的进一步细分）进行风险识别，如水的检测、土壤的检测、空气和废气的检测。另外，综合性的检测机构可根据其实验室类别分别确定各实验室的典型检测工艺。

2. 绘制典型检测工艺流程图

对于确定的典型检测工艺，按照其检测工序绘制检测工艺流程图。一方面，实验室需要对现有流程进行梳理，确定实验室的关键工序，汇总后形成实验室的关键工序清单，关键工序清单可以从一级工序延伸到二级或二级以上工序，具体视其工序的复杂程度确定。另一方面，根据确定的关键工序绘制典型检测工艺流程图。流程图在体现各关键检测工序的同时，应也能体现各工序间的关系，流程图的绘制还应遵循"横向到边，纵向到底"的原则。

3. 识别检测工艺中的质量风险因素

确定关键工序和绘制典型检测工艺流程图的目的是将检测的整体流程细化为一系列彼此独立又相关的运作活动（工序），以便系统地审视每一项活动的细节，识别每一项活动中的质量风险及其特点。风险识别不仅要识别实验室所面临的明显风险，更重要也更难的是识别各种潜在风险。在此基础上，实验室还要鉴定可能发生风险的性质，即可能发生的风险是动态风险还是静态风险，是可控的风险还是不可控风险等。只有这样，实验室才能针对不同的风险因素采取有效的应对措施。

4. 确定质量风险影响（或后果）

质量风险因素与质量风险影响（或后果）之间的关系是一种因果关系，对每一个识别出来并被确定的质量风险因素，应尽可能多地确定其产生的质量影响，包括实际的和潜在的影响、积极的和消极的影响。实验室质量风险因素造成的影响（或后果）通常包括两种类型：一是对实验室运营的影响（或称直接影响），如撤销资质、业务中断、业务延误、流程功能失效等；二是对实验室经营的影响（或称间接影响），如报告召回、政府处罚、违约赔偿、声誉受损等。

（三）实验室质量风险识别的推荐方法

随着风险管理理论与实践的发展，相关领域产生了一系列的风险识别方法，如头脑风暴法、检查表法、专家调查法、预先危险性分析、危险与可操作性研究、故障假设分析、失效模式及后果分析以及危害分析与关键控制点等。每种识别方法的目标、特点、应用条件、原理、适用对象、工作量等都不尽相同，各具优缺点。结合实验室质量风险的特点，以下重点介绍检查表法和专家调查法。

1. 检查表法

检查表法是一种较简单的风险识别方法，可以将此方法与报告的合规性检查相结合，因此也可称之为报告核查法。实验室通过梳理相关的法律法规规定、标准要求、相关方要求以及历史风险事件，提炼出风险清单，并将其对应到检测校准工艺流程图的各个工序，并编制成检查表；检查人员定期抽取一定比例的检测/校准报告（覆盖所有典型检测校准工艺），以最终的结果报告向前溯源，对检查表所列事项进行逐项核查，从而找出各工序的风险点并记录。

2. 专家调查法

专家调查法也是风险识别常用的一种方法，指风险识别人员亲临现场，通过现场观察、查阅记录、沟通交流，并结合经验判断、理论计算、逻辑推理等方式，调查评价相关检测校准过程中存在的风险隐患，这种方法也可以称为综合评价法。在实施调查前应编制调查表，调查表应尽量覆盖关键的工序和事项，同时安排风险管理经验丰富的人员（相关领域的资深检测专家）参加。在使用专家调查法时，调查人员识别风险的能力在一定程度上决定了风险管理的成果。

第二节 实验室风险评估

一、实验室生物风险评估

（一）生物风险评估的必要性

对于实验活动涉及致病性生物因子的实验室来说，对风险的评估主要致力于预防相关感染。客观地说，实验室生物安全事件（或事故）的发生是难以完全避免的。但是，如果实验室工作人员事先分析与生物因子有关的活动的风险因素（因子），并在实际操作中将这些已经出现或潜在的风险控制在可接受的状态下，便能在活动中有效地避免或降低实验室生物安全风险。所以，要实现实验室风险的规避或降低，首先应进行实验室生物安全风险评估，通过科学分析找出风险因素所在。实验室生物安全风险评估可以帮助实验操作者选择合适的生物安全防护水平（包括设施、设备和操作），制订相应的操作程序和管理措施，减少工作人员暴露的危险，并使环境污染降低到最低限度，从而减少各类危险的发生，保障整个实验室生物安全和社会公共卫生安全。

经过近年来的不断实践，国内科研界对生物安全实验室建设、运行和管理的要求有了更深入的了解，并达成新的共识。为促进我国生物安全实验室的建设和实验室生物安全管理，必须积极开展实验室生物安全风险评估。

（二）生物安全风险评估涉及方面

风险评估是艺术和科学的统一。生物安全风险评估专家必须具有广泛的知识面，必须具备流行病学和统计学的知识和技能，必须收集各方面的资料信息。在医学/兽医学领域，评估专家必须获得各种疾病的发病机制及流行病学的详尽资料，并对这些数据和资料进行定性或定量风险评估，以便找出减少风险的措施。一般来说，实验室生物安全风险评估主要有以下七大方面：与病原微生物有关的风险评估、与实验动物有关的风险评估、与实验人员有关的风险评估、与实验室活动有关的风险评估、与实验室仪器设备有关的风险评估、与实验室生物安全环境有关的风险评估、与实验室管理制度有关的风险评估。以下具体分析与病原微生物和实验动物有关的风险评估。

1. 与病原微生物相关的风险评估

与病原微生物有关的风险评估是指对实验病原微生物及其产物可能给人员或环境带来的危害进行的评估。在建设使用具有传染性或具有潜在传染性生物材料的实验室前，必须进行病原微生物风险评估。这也是选择和确定适当的实验室生物安全防护水平的重要步骤。根据病原微生物风险评估的结果，确定与实验操作相适应的实验室生物安全防护级别，并指导制订科学的操作规程、管理制度和应急处理办法。病原微生物的风险评估是实验室生物安全评估的核心内容。

2. 与实验动物有关的风险评估

在实验研究涉及实验动物时，动物可引起新的危害，并使动物实验室出现一些特殊问题。如动物也可能产生气溶胶，或通过咬、抓等使实验人员感染动物传染病的风险增加。生物学实验室一般拥有独特的工作环境，并对身处其中的或附近的人群带来感染传染病的风险。另外，我们还应当考虑实验动物的饲养和使用是否遵循了国家有关的法律法规，如实验中使用动物的理由和目的是否明确；拟使用实验动物的种类和数量是否科学、合理；使用过程中是否能够保证周围环境和实验人员的安全，这主要是指与动物接触构成的一些特有的危害，包括暴露在具有感染性因子（自然地发生或实验产生）的环境中，被动物咬伤、划伤、踢伤和挤压伤，过敏和物理性伤害（噪音、温度、湿度）。除避免感染因子与工作人员接触外，在实验和动物实验设备操作过程中，还应考虑动物之间的交叉污染风险，并且防止因疏忽而引起的外来物质污染实验动物；

用来进行大、小动物实验的设备是否按照有关标准设计和安装；是否制定研究人员和实验动物操作人员关于实验动物基本知识和操作技能等方面的培训和能力考核制度。

动物实验室的生物安全包括感染动物实验和非感染动物实验中涉及的生物安全。非感染动物实验中的生物安全主要涉及实验动物所携带的微生物及致敏原对工作人员的影响。感染动物实验的生物安全还包括除此以外的感染，即用实验因子感染动物后所产生的生物安全问题，而要解决其所产生的生物安全问题远比单纯清除感染因子要复杂得多。

自然界中的病原微生物不仅会影响和干涉科学研究的正常进行和实验结果，还会引起大量动物死亡，甚至危及人类的公共卫生与生命安全。使用标准的实验动物既有利于实验工作，又有利于实验室的生物安全。实验动物按对携带微生物的控制程度分成不同的级别，我国根据实际情况将实验动物分成四个级别。在选择实验动物时，应考虑实验动物的生物安全，根据实验的需要选择不同级别的实验动物。

关于病原微生物，动物实验室需要考虑以下因素：正常传播途径、使用的容量和浓度、接种途径、能否排出和排出途径等。关于动物实验室中使用的动物，动物实验室需要考虑的因素包括：动物的自然特性（动物的攻击性、抓咬倾向性等）、体内外寄生虫、易感染的动物疾病、播散过敏原的可能性等。如果使用野外捕捉的野生动物，则潜伏感染的可能性也应被考虑其中。

需要特别注意的是，给动物接种传染性生物因子时，感染动物将使传染性生物因子的潜在危险剧增。如流感病毒为三类病原，进行普通操作时可以在生物安全二级实验室中进行。但是在进行动物实验时，则要求在生物安全三级实验室中进行。

（三）实验室生物安全风险评估过程

生物安全风险评估是分析实验室狭义生物安全风险的过程，主要评估实验操作程序、一级防护屏障和二级防护屏障等内容。其中实验操作程序包括实验操作规程、人员进出流程、个人防护装备穿脱流程、实验室消毒去污染程序、意外事故演习程序等。一级防护屏障包括生物安全柜、离心机、负压罩以及个人防护装备，如呼吸保护装置、手套、工作服、护目镜、防护鞋等；二级防护屏障包括实验室设施结构、送排风系统、消毒灭菌设备、污水处理设备、实验动物尸体处理设备、其他安全装置等。

1. 病原体和生物毒素已知特性分析

实验室应描述传染病病原体和生物毒素的已知特性，确定病原体的危险性等级（Risk Group，RG），包括风险级别1级（RG1）、风险级别2级（RG2）、风险级别3级（RG3）和风险级别4级（RG4）。具体特性如下：

（1）致病性/毒力。病原体能否感染并导致人类或动物患病（即致病性）？个体疾病的严重程度（即毒力）如何？

（2）感染途径。病原体如何进入宿主（如摄入、吸入、黏膜、皮下、泌尿生殖系统）？

（3）传播模式。病原体如何接触宿主（如直接接触、间接接触、偶然的接触、飞沫或空气传播、载体、人兽共患病、中间宿主）？

（4）在环境中的稳定性。在宿主体外的病原体稳定性如何？在何种环境下病原体能存活及存活期有多久？

（5）感染剂量。感染宿主需要的病原体剂量（微生物数量）有多少？

（6）预防和治疗手段。能否获得有效的预防（如疫苗）？能否获得有效的治疗（如抗生素、抗病毒药物）？

（7）宿主范围。初级、中间和终末宿主是什么？病原体能否感染多个物种，或者宿主范围有多大？

（8）自然分布。本地是否已有此病原体？此病原体是否在特定地点、区域、人群或动物中流行？

（9）传入或释放至环境对人群的影响。如果病原体被泄漏或者释放至环境中，将产生怎样的经济、临床和生物安全影响？

（10）毒素、重组DNA等特殊生物材料。①毒素：处理源于微生物的毒素时，详细的风险评估需包括暴露评估以识别操作带来的风险（即吸入风险、产生气溶胶、处理粉末状毒素时的静电等）、暴露途径、毒素量和活性单位、毒性指标、活性时间、疾病的严重程度和持续时间、疫苗或抗毒素的可获得性、化学安全操作等。②重组DNA：进行基因操作时的风险评估应包括是否改变重组病原体的致病性和毒力、是否影响药理学作用、是否存在缺失基因片段或引入有潜在不良作用的新基因。

2. 现场风险评估

现场风险评估要重点关注防护区域内所有涉及感染性材料和毒素的活动，包括实验室内操作或野外研究、动物操作、产生气溶胶的操作以及使用锐器、离心机、匀浆机、移液管等设备可能产生的危害，识别每一操作步骤中潜在的暴露风险。

（1）涉及致病性生物因子的实验活动。菌（毒）种及感染性物质的领取、转运、保存、销毁等；分离、培养、鉴定和制备等操作；易产生气溶胶的操作，如离心、研磨、振荡、匀浆、超声、接种和冷冻干燥等；锐器的使用，如注射针头、解剖器材和玻璃器皿等。

（2）涉及致病性生物因子的动物饲养与实验活动。抓伤、咬伤，动物毛屑、呼吸产生的气溶胶，解剖、采样和检测等，排泄物、分泌物、组织/器官尸体、垫料和废物处理等，动物笼具、器械、控制系统等可能出现故障。

（3）实验室设施、设备。生物安全柜、离心机、摇床和培养箱等，废物、废水处理设施、设备，个人防护装备。

使用设施、设备时，还应对以下设施、设备进行危害识别：防护区的密闭性、压力、温度与气流控制，互锁、密闭门以及门禁系统，与防护区相关联的通风空调系统及水、电、气系统等，安全监控和报警系统，动物饲养、操作的设施设备，防辐射装置、生命支持系统、正压防护服、化学淋浴装置等。

3. 制定降低风险的措施

确定每一个风险可接受的程度，筛选出风险程度较低的实验活动，如RG1工作、RG2减毒株研究、没有气溶胶产生的RG2实验等。评估高风险实验活动能否被实验室接受，对于评估结论为"不可接受的风险"的，应制定适当的降低风险的生物安全策略，直至将风险降低到可接受的程度。

二、实验室生物安保风险评估

实验室生物安保风险评估是分析实验室生物安保风险的过程，是生物安保计划建立前的准备步骤。生物安保风险评估通常包括以下内容。

（一）辨别优先考虑的资产并评估人员

记录设施内的感染性物质或毒素的存放位置及状态，以便于识别。通过评估确定感染性物质或毒素被误用的可能，并根据泄漏后的后果评定优先考虑级别。泄漏后果包括可能遭受感染、中毒及死亡的人/动物的数量，社会、经济和环境影响，以及物质丢失对科研的影响。需要辨别和评估的资产还包括仪器、非感染性物质和动物。

在实施评估时，确定有哪些人员可以通过接触资产而获得利益，可能包括：①内部人员。授权进入该设施、可获取病原体和（或）受限制信息的人员，可通过授权访问级别来区分内部人员、设施管理人员、安保人员等。②外部人员。没有访问权限的人员，包括当地执法、现场保安等人员。

（二）现场安保风险分析

从物理安全、人员可靠、材料控制与问责、运输安全和信息安全五个方面全面评估现有的实验室生物安保系统。

1. 物理安全

物理安全内容包括感染性物质或毒素冰箱上锁、冰箱使用监控、实验室房间上锁、非授权人员禁止进入、建筑安全、实验室电子和人工物理安全等。

2. 人员可靠

人员主要考虑可获得感染性物质或毒素的人员，需要获得感染性物质或毒素的人员，进入实验室房间的人员和进入实验室建筑的人员。

3. 材料控制与问责

材料控制与问责内容包括感染性物质或毒素材料清单，清单应及时更新，并包括责任人名字、保存地点和体积等详细信息。

4. 运输安全

运输安全包括样品从实验室运出/入的频率，负责包装、运输和接收负责人，运输工具，是否采用三层包装，人员是否受过足够的生物安全培训（包括泄漏或发生安全意外事件的应急处理），运输过程如何安保，接收样本单位是否有适当级别的生物安全管理等。

5. 信息安全

信息安全应考虑实验室研究数据安全、病原体地点和类型信息安全、纸质信息和电子信息的安全以及获得这些数据的人员安全等。

（三）制定降低实验室生物安保风险的措施

确定每一个风险可接受程度，筛选出低风险因素，如无致病性和低恶意使用风险、对感染性物质不感兴趣或没有足够手段的对手。评估高风险安保措施能否被实验室接受，对于评估结论为"不可接受的风险"，应制定适当的降低风险的生物安保策略。

三、加强实验室生物安全教育

（一）通过参与评估让学生了解风险隐患及其正确处理方法

1. 实验室风险评估是规避生物安全事件最有效的方法

实验室人员面临诸多高危险因素，长期接触潜在的病原微生物样本，如肝炎病毒、艾滋病毒、结核分枝杆菌、梅毒等，存在经多种途径吸入气溶胶的风险、经针头等锐器刺破皮肤导致职业暴露的风险。因此，做好实验室风险评估是非常重要的。

2. 实验风险评估可让学生参与

危害评估是生物安全的核心内容，通过对事故造成的危害评估，为决策者或管理者制订有效的生物安全防护措施提供科学依据。让学生参与风险评估，使其更加了解实验活动的每一个细节，从而规范地进行实验操作及做好防护措施。评估的内容包括对病原微生物的风险评估和对病原微生物实验活动的风险评估。

（二）通过实验室安全培训，让学生了解个人防护的重要性

1. 了解实验室生物安全防护级别

实验室生物安全防护有三个级别：安全设备、个体防护装置（一级防护），实验室的特殊设计和设施建设（二级防护），标准化的操作程序和管理制度（三级防护）。目的是保证实验室工作人员不受操作因子感染，保证实验室内外环境不受操作因子污染。

2. 做好学生岗前培训

学生在进入实验室前应有岗前生物安全培训，由实验室生物安全员对其进行培训。培训内容依据文件制度要求编写并现场演示，侧重个人防护装备的培训。让学生详细了解个人防护装备的种类、用途及风险判断。

学生和实验室工作人员一样，根据不同级别的生物安全水平的操作选择个人防护装置，同时结合所进行工作的性质选择着装和装备。

实验室突发状况的应急预案需要进行演练，如发生意外事故时人员撤离的安全路线和安全出口位置，还要对实验过程中可能出现的针刺伤口处理、溢洒及喷溅等情况处理进行现场演示，让学生参与演练，提升其应急处置能力。

第三节　实验室风险控制

一、应对实验室风险的七种方式

国际标准化组织将风险应对定义为"改变风险的过程"。风险应对是风险管理中最关键的一步，可以说风险识别、分析和评价都是为风险应对服务的，把风险控制在可接受或者可容忍的范围内才是风险管理的最终目的。

风险应对是选择并执行一种或者多种改变风险的措施，包括改变风险事件发生的可能性或后果的措施。风险应对决策应考虑各种环境信息，包括内部和外部利益相关方的风险承受能力，以及法律、法规和其他方面的要求等。

风险应对一共包括七种方式，分别是风险规避、风险承担、消除风险源、改变可能性、改变后果（或严重度）、风险分担以及风险保留，具体到实验室，也无外乎这七种方式。

（一）风险规避

针对不可控的风险，实验室可以采取规避的方式处理，使该风险不再出

现在日常活动中。例如，在缺少资源和技术能力的情况下，不进入新的检测领域；在使用实验室信息管理系统时，规定严禁将操作人员的用户名和密码泄露给他人。

（二）风险承担

对在风险承受度之内的风险，实验室在权衡成本效益之后，不准备采取控制措施降低风险或者减轻损失，或者为了可持续性、长远的发展，对机遇进行了识别、分析和评价。在回报不确定的情况下做出承担风险的决定。例如：实验室管理层认为实验室的报告准确率维持在行业平均水平，从而决定维持现有报告准确率标准而不做改进，这就是风险承担的一种表现。

（三）消除风险源

对客观存在的风险，实验室在识别、分析和评价的基础上，通过采取技术措施，消除已知的风险源。该方式较适用于负面风险，是一种治本的方式。例如，有些含剧毒的试剂挥发会对人体造成很大伤害，在可选择的情况下，实验室采用无毒无害试剂替代剧毒试剂。

（四）改变可能性

风险通常是后果及其发生的可能性二者的结合，将风险事件发生的频率（即可能性）降低，就能相应降低风险。例如，为防止出现故意篡改检测分析数据，采用实验室信息管理系统自动抓取设备数据并自动生成报告，这样人为更改检测数据的可能性就大大降低了。

（五）改变后果（或严重度）

如前所述，风险是后果及其发生的可能性二者的结合，如果能够将风险事件导致的后果控制在一定范围内并防止其进一步扩散（或恶化），那么同样可以降低风险。例如，在实验室内安装应急洗眼喷淋装置。需要特别说明的是，"改变后果"只是改变后果的影响程度，并不改变后果的性质。

（六）风险分担

风险分担又称风险转移，是实验室通过合同或者非合同的方式将风险转嫁给另一个人（或单位）的一种方式。这种方式不改变风险自身的大小和性质，只是通过改变风险的承受主体来实现对风险的分担。例如，当客户要求出具的报告中对结果是否符合规范或标准要求进行判定时，机构在合同评审时与客户沟通并约定判定规则，共同承担误判的风险。

（七）风险保留

这种方式适合应对经风险评估后，实验室认为可接受或者可容忍的风险，也适合于实验室目前尚无资源和能力应对的风险。一般情况下，实验室应首先关注那些被评价为高风险、中风险的风险因素并重点投入资源，对于低风险的风险因素可以暂时采取保留风险的应对方式，当机构整体风险水平下降到一定程度后再来关注此类风险。

二、实验室质量风险控制措施

（一）质量风险管理目标

1. 合规

合规指实验室在提供服务的过程中，各项经营管理活动均应满足相应的法律法规、技术规范以及认可准则的要求。合规是实验室质量管理的最基本目标，无法实现该目标将直接影响整个实验室的运转，同时更高层次的目标（高绩效和质量竞争力）也将成为空中楼阁。

针对当前尚未满足法律法规要求的一些重大风险事项（如安全从业人员不满足法定要求、污水排放不满足排放标准要求），通常采用制定"目标、指标及管理方案"的方式来消除或降低风险（如在某一规定的期限内，采取若干行动计划最终实现人员数量满足法定要求、污水达标排放）。

同理，实验室对一些暂时无法立即整改的重大风险事项，也可以通过制定"目标、指标及管理方案"的方式来消除或降低风险，如中级及以上职称的实验人员比例于某年某月前提升至30%。

2. 高绩效

对实验室而言，衡量其运营绩效的指标通常包括成本、效率、周期、质量、快速响应及柔性等，实验室不可能面面俱到，或者说不可能将所有的关键指标都配置相同的权重。但是，作为提供公正性检测报告或数据的检验检测机构，检测结论的准确性、检测周期的缩短以及准时交付无疑是客户最为关注的指标。实验室通常制订的质量目标包括报告准确率、报告准时交付率、客户投诉处理及时响应率等。

3. 高质量竞争力

质量概念的发展从"符合性"过渡到"适用性"及"满意性"，并在20世纪90年代进入"卓越质量"阶段，质量成为企业核心竞争力的一个重要组成部分。质量竞争力理论实质上是企业竞争力理论与质量理论的结合，企业质量竞争力指使企业在目前和未来的环境中，为顾客创造出比竞争者更具个性、更有诚信、更具价值、更难超越的卓越质量的核心能力。

在产业界，一些国际国内知名企业已经将质量作为一项核心的竞争力资源进行经营，例如，将六西格玛、"零缺陷"作为一种质量经营理念，将推行"卓越绩效准则"、获取国家质量奖作为一项战略目标来培育自身的核心竞争力，从而创造出更优异的质量经济效益，实现远超同行业平均利润率的经营业绩。

对于实验室而言，可以通过推行"零缺陷""顾客满意工程"等来制订质量竞争的战略质量目标，例如，重大报告差错率为零、一般报告差错率低于万分之一、重要顾客满意度高于90%。

（二）公正性和保密性保证

1. 公正性的保证

实验室的本质属性是传递信任，公正性是实验室各项活动的重要行为准则，是其社会价值的重要体现。准则要求：实验室应从组织结构和管理上保证实验室活动的公正性；管理层应做出公正性承诺；应持续识别影响公正性的风险，并将风险降至最低。

（1）公正性风险行为。公正性风险行为发生在检验检测的全过程中，实验室应进行系统的识别，这些行为主要包括篡改检测数据（如选择性采样、更换样品、改变测试条件、变更测试方法、选择性记录原始数据）和伪造检测数据（如凭空编造原始记录、仪器模拟原始数据）两种类型。

（2）公正性风险来源。从各项准则要求可以看出影响公正性的风险来源有以下几个方面：实验室自身活动、实验室各种关系、实验室工作人员关系。实验室公正性风险的产生主要基于所有权、控制权、管理方式、管理层、人员，共享资源（分包）、财务、合同、营销（包括品牌），以及支付销售佣金或介绍新客户的奖酬等。

（3）公正性风险控制措施。针对识别出来的公正性风险，实验室可以通过建立完善的制度、应用实验室信息管理系统、加强人员管理等多种具体措施进行控制。

第一，建立完善的制度。首先，实验室管理层要承诺实验室活动的公正性，要能排除压力和干扰并对公正性负责，从源头持续识别公正性的风险，并能够消除或最大限度减少这种风险。其次，在架构设计时要充分考虑公正性风险，保证其工作模式、流程设置能够帮助实验室进行有效的风险管控。例如，在设置部门岗位时，可以根据不同的工作环节设置不同的工作岗位，包括抽样、样品接收、合同评审、检验检测、结果复核和报告签发等环节，这样每一环节都能起到对上一环节的监督、审核作用，也可避免某一环节/人员对整体流程公正性的影响。最后，融合各项流程建立程序化体系管理制度，包括但不限于绩效考核制度、财务管理制度、监督和举报制度和反贿赂管理制度。

第二，应用实验室信息管理系统。实验室信息管理系统实现检测数据的自动采集、报告自动生成和测试结果及时反馈，降低人为误差带来的公正性风险，从而提高测试结果的准确性和客观性。特别是现场采样、监测环节，如何有效监督其公正性一直是行业的难题，而实验室信息管理系统集成现场仪器进行在线监测、拍照和视频录像上传可有效解决这一难题，这种方式在业内大型实验室已经得到有效应用，并取得了很好的效果。

第三，加强人员管理。制订员工行为规范，并将内容加入员工手册。加大教育培训力度，新员工入职就要对其进行行为规范培训，宣贯公正性声明，并要求其签署实验人员从业承诺，使其树立正确的职业操守。

2. 保密性的保证

实验室处在一个不断变化的环境中，并且持续与客户、供应商、员工及其他相关方分享并交换信息，这些信息应被视为资产并应得到相应保护。按照认可准则，除客户公开的信息或实验室与客户约定公开的信息外，其他所有信息都被视为专有信息，应予以保密。客户的委托检测行为、客户提供的技术资料和产品信息、客户提供的样品、实验室活动过程中产生的信息等均属于保密信息。实验室从监管机构和投诉人等客户以外的渠道获得的客户信息，也应被视为保密信息。保密性风险可能导致监管部门、客户、员工和其他合作方丧失对公司的信任，严重时可导致国家、客户或公众利益蒙受损失，进而导致相关的诉讼、索赔和行政处罚。因此，保密性对实验室的合规、财务、商誉和品牌意义重大。

（1）保密性风险行为。保密性风险行为不仅指可能直接导致泄密或信息安全问题的具体行为，还包括管理不当或不作为的状态，通常包括但不限于下列情况。

与客户签署的合同、报价单、相关的企业标准和产品技术规格的泄露或丢失的行为。

样品信息泄露或样品丢失的行为。

实验室活动产生信息的泄露或丢失的行为。

客户未经允许进入实验室区域观察其他客户的测试活动。

实验室人员对经手的保密信息未采取任何保密措施，如因场地不足将客户正在测试的样品放置于靠近走廊的玻璃窗旁且未进行遮盖。

（2）保密性风险主要来源。保密性风险通常源于政策规章、设施环境、人为因素、流程管理四个方面。政策规章指的是保密管理的制度化，保密措施如果不形成文件予以培训和实施，其效果无法得到保障；设施环境指的是保密信息的载体和物理环境，实验室用于储存保密信息的物理空间和计算机系统如果不能控制未经授权的访问，会造成保密工作的漏洞；无论设施环境的保密设计多么完善，保密信息最终是由人来管理的，所以人为因素是保密性风险的一个重要来源；流程管理指的是实验室在每个相关的工作流程中采取的防泄密管理措施，缺少良好的流程管理也会引发实际的保密风险。

（3）保密性风险控制措施。保密性风险控制措施可依据其来源制订，主要有以下几种。

第一，制订保密程序，完善相关的制度文件，对涉密人员、保密信息范围、涉密信息的管理以及泄密事件的处理等加以规定。

第二，设施环境的管理权限控制，包括但不限于实验室合理设置门禁，以及设置实验室信息管理系统权限，包括计算机、移动硬盘、实验室信息管理系统和其他信息管理系统。

第三，加强对涉密人员的培训和教育，与实验室或相关方人员签署相关保密协议。

第四，流程信息管理控制，考虑实验室活动各流程环节的信息传递的保密性要求，评估如何避免不必要的信息扩散，并将管理手段形成作业文件，定期评估其实施效果。

（三）资源提供

实验室应确定和提供实现质量风险控制措施和风险管理目标所需的资源。质量风险管理所需的资源一般包括人员、设施和环境条件、设备、计量溯源性、外部提供的产品和服务五种类型。实验室应在其活动的各个阶段评估这些资源，以确保其满足实验室活动的初始能力和持续能力的要求。实验室管理层应根据检验检测活动范围、检测专业类型、业务量等统筹、合理配置所需的人员、设施、设备、系统以及支持性服务等资源，为实施实验室活动提供有效的资源保障，确保检测或校准结果的正确性、可靠性，并满足业务发展的需要。

无论是哪一类资源，对于实验室而言，在资源提供与管理方面，通常包括如下六个过程：资源需求识别、资源差异分析、资源需求计划制订、资源供应/配置、资源能力评估、资源定期更新。机构应围绕这些过程进行风险识别、评价及控制。

1. **资源需求识别**

资源需求识别是指明确达成目标需要配备的资源，并识别出这些资源的关键质量/技术特征。作为提供资源的第一步，只有在数量和质量上充分识别关键的资源需求，才能为接下来的资源配置提供方向。实验室应根据其所处的内外部环境、法律法规及相关方要求、机构的质量风险政策/偏好，以及资源的固有属性等进行需求识别。例如，有些检测作业要求在恒温恒湿条件下进行，那么就应设置独立的工作室，并配置相应的恒温恒湿系统。

2. **资源差异分析**

资源差异分析是指分析现有资源的配备以及关键质量/技术特征是否满足要求，以及其和期望目标/标准/规范/准则之间的差距。例如，在识别人员管理风险时，中国合格评定国家认可委员会要求化学领域的技术负责人必须具有化学专业或与所从事检测专业范围密切相关的本科以上学历和 5 年以上化学检测工作经历，分析现有化学领域技术负责人的工作经历是否满足这个条件，即为差异分析。

3. 资源需求计划制订

资源需求计划制订是指针对差异分析的结果，实验室应制订资源需求计划。例如人员招聘、人员培训、设备采购、溯源、环境条件改造计划。

4. 资源供应 / 配置

资源供应 / 配置是指各类资源需求计划实施的过程。例如，为满足测试要求购置测试专用设备电感耦合等离子体质谱仪。

5. 资源能力评估

资源能力评估是指当资源供应 / 配置计划实施完成时，实验室通过验收、验证、评价等方式评估结果是否达到预定的目标或要求。例如，通过对新购置设备的验收和校准确认 / 评价设备是否满足需求。

6. 资源定期更新

资源管理的过程在不断变化，比如测试设备会老化、测试方法会变更等，这些都需要机构定期或不定期进行资源更新，并重复上述过程，如同 PDCA 循环，以持续提升资源能力。

对资源类别细分后再对不同资源进行风险识别，就会比较清晰、直观，且更具条理性。

（四）运行策划与控制

实验室可以针对在实验室运行阶段识别出的质量风险制订更具针对性、操作性，并且能够有效消除或降低风险的控制措施（包括文件规定）。一般风险控制措施可分为技术手段和管理手段两类。

1. 技术手段

（1）信息系统化。指采用先进的数据库技术、软件技术、网络技术对实验室的样品、数据、人员、设备、方法、环境、事务等业务和检测流程进行全面管理。例如：为了规避线下操作中人为因素带来的风险，同时也可快速、有效溯源，实验室可选择上线实验室信息管理系统，从下单到报告全过程管控，实现分析过程自动采集数据并生成报告，订单变更时系统可自动将变更信息流转至相关人员；为了消除使用无效方法或文件的风险，实验室可选择引入办公自动化系统，所有现行有效的方法或文件均在系统中发布、受控，避免使用非有效方法或文件。

（2）设备自动化。指设备在无人干预的情况下，根据已经设定的指令或程序自动进行操作或控制。例如，为了降低检测过程中人为因素带来的检测风险，提高检测速度，可引入自动化设备代替人工操作。

（3）流程标准化。指将各项技术、管理等活动进行统一、规范，明确具体节点及流程，以便工作的规范及高效。例如，为了减少流程不稳定引发的风险，可对样品采集、检测、报告出具等流程进行标准化规定，明确采样检测的步骤、报告出具及审核流程，减少差错风险。

（4）监控多样化。指为了达到某种目的，采用多种方式对活动进行监视与控制。例如：为了降低采样过程的合规风险，可在抽（采）样现场配备定位、拍照或视频监控系统；在检测过程中为有效控制设备利用率、设备故障率等，可增加设备监控系统。

2. 管理手段

（1）制订文件。指为统一、规范、高效地开展各项活动，以文字或图示等文件方式规定相关内容及要求，并经相关人员审批，下发至相关人员执行。例如：为了规范合同评审过程，避免合同评审风险，可制订合同及合同评审程序；为了规范管理样品，避免样品风险，可制订样品管理程序。

（2）开展培训。指通过组织相关要求或知识的宣贯学习，确保相关人员了解、熟悉并掌握各项技能或知识，提高人员素质，降低人员风险。例如，为了降低检测过程中的人员能力风险，可组织对各类人员进行技能培训，并通过考核确认其能力。

（3）资格认可。指对人员从事某一工作所必备的学识、技术和能力进行考核、确认，以确保人员满足某种资格要求。例如，为了避免不具备能力人员开展检测或方法验证等工作，可对相关人员的方法检测、方法验证能力进行评价，确认其具备能力。

（4）人员授权。指根据人员能力在一定时间段内赋予其特定的职责和权力。例如，为了防止人员不具备能力却从事方法开发，可对已获资格认可的人员进行方法开发授权；为了消除方法过期的风险，可授权标准查新人员定期进行标准查新。

（5）定期监督。指按照一定频次对某一特定环节、过程或人员进行监视、督促和管理，使其结果能达到预定的目标。例如，为了避免检测过程中质控措施实施不到位，可定期监督相关措施的落实情况。

（6）定期复盘。指按照一定频次对已开展的活动进行回顾、总结经验或教训，以便进一步改进。例如，为了避免纠正措施无效，可定期对以往的不符合项进行统计、分析和评估。

（7）人员增配。指为满足活动开展需要，在一定程度上增加人员配置。例如，为了降低采样风险，在采样或现场检测环节增加多人开展采样活动。

第六章 实验室事故应急管理

第一节 实验室事故概述

一、实验室事故隐患

隐患一词是指潜在的危险,有发生危险的可能。实验室事故隐患广义上泛指实验室系统中可能诱发事故产生的风险、人的不安全行为以及管理运行上的重大缺陷。

实质上,事故隐患应该是一种不安全的、有重大缺陷的"异常情况",这样的情况是能够通过细微的事情表现出来的,如实验人员离开时没有按照规定关闭电气设备,导致火灾发生;对有毒物品的处理过于随意,导致实验室环境受到污染,甚至危及实验人员生命安全。也有表现在管理的流程、方法或内容上,如检查不规范、制度不完善、实验设施存在问题、实验人员培训不到位等。

需要指出的是,有些实验室管理者或负责人的安全知识严重匮乏,其又很少在实验室履职,对实验人员的监督力度不够,对于实验室内部存在的安全隐患又不能及时排查或者处理等,这其实也属于实验室不安全因素的范畴。

实验室事故的隐患虽然不易被工作人员马上察觉,但是其并不会立刻爆发,而是会逐渐积累,直到累积到一定程度之后才会爆发,这一变化过程其实是可控的。对此,工作人员需要加强日常对实验室安全隐患工作的查找与补救工作,做好事前积极防范,才能够将"隐患"真正并长久地掩埋于地下,从而避免危险事故的发生。

常见的实验室事故隐患主要包括以下两种。

(一)硬件隐患

1. 实验室空间不足

实验室过于拥挤的话,很容易造成实验室内部管理混乱。电气线路的布置混乱,各类危险品的无序存放、混放,都容易引起火灾、爆炸等安全事故。一些实验室过于简陋,为了使用更多的实验设备而忽视设备的安全操作距离;由于空间不足，各种仪器摆放过于密集，无法达到仪器的维护要求，实验室管理人员难以正常维护。还有一些利用教学用房或办公用房改建的实验室，其水、电、气以及通风条件较差，也存在着严重的安全隐患。

2. 实验室化学品存储不规范

实验室化学品的存储与实验室的安全直接挂钩。因实验室化学品存储不当而造成的事故，一旦发生，往往就是重特大事故。对于危险化学品，要根据其化学性质（或灭火方式）进行分类存储，如强酸和强碱、强还原剂和强氧化剂的存放等，就必须严格按照规定进行科学的分类存储。若存储不规范，这些危险化学品发生化学反应，很容易造成火灾等事故。

3. 实验室水、电、气设施质量问题

有些实验室使用周期长，水管、电线、电源插座、气阀等设施老化，存在质量隐患。如排水设施排放不畅通，疏于养护，容易造成下水道严重堵塞，引发污水溢满倒灌。大功率电器的使用超过实验室负荷，实验室电路长时间超负荷运行容易出现火灾。运输可燃、有毒气体的钢瓶或管道阀门一旦出现松动，可能会造成人员中毒昏迷，严重的还会引起火灾和爆炸。

4. 实验室基础设施相对薄弱

很多实验室是在原有旧房的基础上改建完成的，基础设施相对薄弱。这不仅指该类实验室的实验设施较为陈旧，还包括电力线路老化、安全防火等级较低等安全隐患。特别是一些年代较为久远的实验室，其建筑材料多为木质或者胶合板等易燃材料，存在极大的安全隐患。当火灾发生后，火势会迅速蔓延到整座建筑物，不利于人员避险，降低了人员的逃生概率。有些实验室消防设施配置不足，有的甚至无法正常使用。有些实验室缺乏应急机制，未配备应急保障系统，当实验过程中突遇停电、停水等意外因素时，很容易造成设备受损或毁坏。实验室未配置应急医疗箱，一旦实验人员发生烫伤、烧伤、中毒等事故，无法及时进行急救。

5. 实验室"三废"处理不规范

有些实验室没有配置必要的通风设施，对实验中产生的废气、有毒气体仅采用排气扇通风而未做环保处理，严重危及实验人员健康。实验室产出的有毒物质不进行处理的话，长期积累后会对周边环境造成无法逆转的伤害，同时严重危及实验人员健康。

（二）软件隐患

1. 实验安全基础工作薄弱

实验安全基础工作薄弱集中体现在安全规章制度建设与落实、安全监管制度建设与落实、安全信息网络宣传工作、安全隐患检查与风险评估工作、针对突发事故的应急预案建设与改进、安全管理方式研究以及安全技术措施制定与开展等方面不健全、不完善。

2. 实验安全教育意识淡薄

实验安全教育意识淡薄集中体现在实验人员安全知识欠缺，安全教育培训工作开展不充分。很多人由于缺乏安全知识而对实验室不安全因素认识不足，存在侥幸心理，以致于在实验中存在不规范的操作，且有较大的随意性，存在安全事故风险，危及实验室安全。提高实验室工作人员的安全意识是有效保证实验安全效果的基础和关键，因为只有工作人员从思想上真正重视实验安全，其才能在日常的工作行为之中注意实验安全，也才能将安全预防工作落到实处。

3. 实验人员的安全素质不高

实验人员的安全素质不高，如不具备常规的安全防范知识、不存在安全实验意识、不规范安全实验操作等，这都是极其容易造成实验安全事故的重要诱因。安全素质不高的实验人员在例行检查中很难发现隐藏的安全隐患，对这些隐患不能做到有效预防。

4. 管理者对安全工作的系统性建设规划不全面

管理者对安全工作的系统性建设没有足够的规划，在实验室安全工作上往往从消防检查入手，很多安全隐患和危险源容易被忽视，对工作人员的安全培训力度不够，对实验室的安全评估不足，实验室在安全管理方面投入不足，发生安全事故时又没有针对性的安全应急机制和预案响应，进而引发严重后果。

二、实验室事故类型

（一）火灾事故

火灾相对来说还是比较常见的，具有广泛性，其发生的概率与其他事故相比明显要高一些。

火灾发生的原因一般有以下几个方面：没有关闭电源，导致仪器设备长时间空转，通电太久致使温度升高，出现火情。实验操作不规范，使易燃物质接触到明火迅速燃烧，酿成火灾。易燃易爆危险化学品泄漏，与外界氧气混合，遇火爆燃。电器线路老化、长期超负荷运行导致电线发热，酿成火灾。各种电气设备的开关、保险丝、接头等位置在电源接通、断开或短路瞬间出现的电火花，大型机电设备（如电动机等）开动时产生的高压电弧，以及保险丝或导线发生过电流时出现的爆炸火花等，一旦引燃附近易燃易爆物品，火势得不到控制就会发生火灾。化学实验有燃烧现象的，或者是一些失控了的某些化学反应，其产生的火焰或高热能物质可能会引起大火，如烧过的坩埚。加热工具如酒精灯、电炉等没有关，使燃料溢出或烧干引起火灾。有些实验人员的不良行为也会引起火灾。如在工作中吸烟，未熄灭的烟头引燃实验室中的易燃物质。实验结束后，插座不拔或总电源不关闭，火灾也可能会发生。

（二）爆炸事故

爆炸大多出现在储存易燃易爆物品和压力容器的实验室，属于突发性事故。出现这一类事故的直接原因有：化学药品混合后反应太过激烈而失控，或在加热、摩擦和碰撞时发生爆炸。实验中使用了不耐压的仪器，在高压或减压实验中出现意外事故。实验中操作失误引起燃烧，燃烧会产生热量，大量高热能量的突然释放会产生重大危险。易燃易爆物质在密闭空间内进行高风险的实验操作，一旦发生意外，很容易发生爆炸。一些易爆物质如硝酸盐类在受热或受到撞击时就会爆炸。易燃易爆化学试剂残余物处置不合理，发生剧烈的化学反应，引起爆炸。易燃易爆气体大量逸入空气，达到一定条件后，遇到明火就会爆燃。使用或制取氢气、一氧化碳、甲烷、乙炔等易燃易爆物质时，附近有明火存在，或者没有在通风橱内进行实验，导致此类气体燃烧爆炸。

（三）化学污染类事故

由于很多化学品具有毒性，会对环境造成污染。造成化学污染类事故的行为包括：很多化学废液收集不当而进入外界，废液中的重金属等有毒物质会污染地下水；乱扔乱倒化学实验废弃物，污染环境；管理上存在问题，使有毒物质流出实验室，造成外界污染；水管阻塞、开裂或年久失修，造成废水泄漏，引发污染；实验室的化学药品和剧毒物质泄漏，导致毒害性事故的突发；设备老化，保养维护不够，或存在设计缺陷，导致有毒物质泄漏，引起人员中毒；实验室无通风设施，或无废弃化学物收集器；盛放挥发性化学试剂的容器因密封不佳而挥发泄漏，或进行蒸馏和浓缩操作时没有在通风条件下进行。

（四）机电伤人事故

机电伤人事故往往会在机械实验或力学实验中突然发生。机电设备受冲击运动、带电作业以及高速旋转等因素影响，挤压或碰撞附近的工作人员而造成事故。事故原因有以下几个方面：实验人员缺少防护措施，或在操作上出现失误，容易受到机电设备伤害；电气设备故障造成漏电和电弧火花，危及附近人员的安全；高温高压气体对实验人员的灼烧和冲击；机电设备工作异常，内部器件在高速旋转中脱离，或铁屑意外飞出，伤害附近的人员。

（五）仪器设备事故

仪器设备在长期使用中会受到来自各方面风险因素的影响，因此会导致仪器设备损伤、工作性能下降，甚至是伤人事故。仪器设备事故多为人工操作不当所致，也有设备老化、设计缺陷以及外来不可抗拒的突发故障（如突然停电等）的原因。

（六）压力气瓶类事故

压力气瓶在高温高热环境下，或遭到强力撞击，都有可能发生事故。压力气瓶中的易燃易爆气体进入大气环境，与氧气比例达到某种临界条件后，接触明火而发生事故。压力气瓶中有毒气体散逸，进入大气，污染周边环境，危及生命安全。

（七）中毒性事故

违反规定将食品带入有毒性的实验室，食品被污染后被人员误食而中毒。接触或使用有毒气体时没有在通风装置下进行，导致人体皮肤、呼吸系统被有毒物质侵袭而中毒。设备设施老化严重，有毒物质逸出或有毒气体排放不畅而造成人员中毒。有毒实验用品未做处理就排入外界，污染环境，形成慢性中毒。

（八）放射源辐射类事故

短时间大剂量的辐射会对人体组织造成破坏，导致人体细胞癌变或致癌概率升高，诱发白血病、癌症等疾病，危及生命安全。长时间小剂量的辐射可能引起人体细胞癌变，还可能诱发各种慢性疾病，导致人体器官功能丧失。大量吸入放射性物质可直接导致人体中毒，甚至死亡。

（九）人身伤害类事故

对化学品进行调配时，因处置不当，违反操作流程，造成化学品爆炸或飞溅（如稀释浓硫酸），给实验人员造成重大人身伤害。在一些生成易燃易爆气体的实验项目中，如果工作方法不正确，也可能造成事故的发生，致使实验人员烧伤和烫伤。

三、实验室事故特点

（一）突发性

实验室事故的突发性是其最为显著的特点之一，这种突发性质意味着事故可能在任何时间、任何情况下突然发生，留给实验室工作人员的反应时间极短。这种突发性可能源于多种因素,包括实验操作的失误、设备或化学品的不稳定状态、环境因素的突变,甚至是一些完全无法预料的未知因素。

实验操作不当是导致实验室事故突发的常见原因。这可能是因为实验人员对实验流程不够熟悉,或是在操作过程中分心、疏忽,导致步骤错误或条件控制不当。例如,化学品的混合顺序错误、反应条件的设置不当,或是对实验过程中可能出现的异常现象缺乏足够的警觉和准备,都可能迅速引发事故。

设备故障也是实验室事故突发的一个重要因素。实验室中的设备和仪器往往复杂且精密,它们的正常运行对于实验的安全至关重要。然而,设备的老化、维护不当或操作失误都可能导致设备故障,从而引发事故。例如,恒温设备失控导致温度过高,可能引起化学品的分解或燃烧,甚至导致爆炸。

未知因素触发的实验室事故则涉及那些难以预测和控制的风险。这可能包括实验室环境中的微小变化,如湿度、温度或压力的波动,也可能包括实验材料的不稳定性,或是实验过程中出现的意外化学反应。这些未知因素往往难以通过常规的安全管理措施来预防,因此,其对实验室的安全管理提出了更高的要求。

(二)多样性

实验室事故的多样性是其安全管理中的一大挑战。由于实验室通常涉及多种化学品、生物制剂、放射性物质和精密设备,这些元素在特定条件下可能以不同的方式相互作用,导致各种类型的事故。这些事故的多样性要求实验室管理人员和科研人员具备广泛的知识和技能,以识别和管理各种潜在风险。

化学品泄漏是实验室常见的事故类型之一。化学品可能因为容器破损、操作不当或存储不当而发生泄漏。这些化学品可能是腐蚀性的、有毒的、易燃的或具有其他危害特性,一旦泄漏,可能会对人员健康、环境安全造成严重威胁。因此,实验室必须采取严格的化学品管理措施,包括使用适当的安全容器、定期检查存储设施的完整性,以及提供充分的化学品泄漏应急处理培训。

火灾和爆炸是实验室中可能发生的两种严重事故。实验室中的易燃化学品、高温设备和明火操作都可能成为火灾和爆炸的诱因。此外,某些化学反应可能会在特定条件下产生大量热量和气体,导致压力急剧增加,从而引发爆炸。为了防止这类事故,实验室需要配备适当的火灾和爆炸防护设施,如灭火器、烟雾探测器和防爆膜,并确保所有人员了解如何正确使用这些设备。

生物危害物泄露是涉及生物制剂的实验室特有的事故类型。生物制剂可能包括细菌、病毒、真菌和其他可能对人类或动植物健康构成威胁的生物体。如果这些生物制剂在实验室中泄露,可能会造成交叉污染、感染传播甚至疫情暴发。因此,实验室必须遵守严格的生物安全规程,包括使用生物安全柜、穿戴个人防护装备、实施废弃物的生物安全处理等。

辐射事故是涉及放射性物质或设备的实验室可能面临的风险。放射性物质可能对人体健康造成长期影响，包括基因突变、癌症和其他疾病。辐射事故可能包括放射性物质的泄漏、放射性废物的不当处理或辐射设备的误操作。为了管理这些风险，实验室必须确保所有放射性物质和设备的使用都符合辐射安全标准，并提供辐射防护培训给所有可能接触辐射的人员。

（三）潜在危害性

实验室用品的潜在危害性是其安全管理中最为关键的考虑因素之一。实验室使用的化学品、生物制剂或放射性物质，由于其固有的特性，可能对人体健康和环境造成严重的威胁。这些物质的危险性可能表现在多个方面，包括毒性、腐蚀性、易燃性、爆炸性、感染性或放射性等。

化学品的潜在危害性主要体现在其毒性上。许多化学品具有高度的毒性，即使是小量接触，也可能对人体造成急性或慢性的伤害。例如，某些化学品可能对皮肤和黏膜造成刺激或灼伤，吸入后可能对呼吸系统造成伤害，摄入后可能对内部器官造成损害。此外，某些化学品还具有致癌、致畸或致突变的风险，长期暴露在这种环境下可能增加人患病的风险。

生物制剂的潜在危害性主要体现在其感染性上。实验室中使用的生物制剂可能包括细菌、病毒、真菌等，这些生物体可能对人类、动植物或环境造成危害。如果这些生物制剂在实验室中泄露或处理不当，可能会导致交叉污染、感染传播甚至疫情暴发。此外，一些生物制剂还可能产生毒素或过敏原，对人体健康造成威胁。

放射性物质的潜在危害性主要体现在其放射性上。放射性物质释放的射线可能对人体造成电离辐射伤害，导致细胞损伤、基因突变甚至癌症。此外，放射性物质的半衰期可能很长，其危害可能持续数十年甚至更长时间。如果放射性物质泄露，可能会造成长期的环境污染和生态破坏。

除了上述直接危害，实验室事故还可能产生间接危害。例如，化学品泄漏可能引发火灾或爆炸，生物制剂泄露可能引起恐慌和混乱，放射性物质泄露可能引起社会关注和公众不安。这些间接危害可能会放大实验室事故的影响，增加应对和处理的难度。

（四）紧急性

实验室事故发生后的紧急性是安全管理中至关重要的一环。这种紧急性要求实验室工作人员必须具备快速反应的能力，以及在事故发生瞬间立即采取有效措施以控制事故发展，防止事故扩大或出现进一步损失。以下是对实验室事故发生后紧急性应对的详细叙述。

实验室必须建立一套完善的应急预案，预案中应详细描述各类可能发生的事故类型及其应对措施。这些预案需要根据实验室的具体环境、使用的化学品、设备类型等因素量身定制，确保相关人员在不同情况下能迅速找到合适的应对策略。

实验室工作人员必须接受定期的应急培训，包括但不限于发生火灾、化学品泄漏、生物危害物泄露和辐射等事故下的应急操作。培训内容应包括如何识别事故征兆、如何使用应急设备、如何疏散人员、如何进行初步的事故控制等。

在事故发生时，首要任务是确保人员安全。所有实验室人员应迅速评估事故情况，如果情况允许，应立即采取措施控制事故，如关闭泄漏源、使用灭火器扑灭初起火灾、封锁污染区域等。如果事故超出控制范围，应立即启动紧急疏散程序，确保所有人员迅速、有序地撤离到安全区域。

（五）不确定性

实验室环境的复杂性带来了高度的不确定性，这种不确定性是安全管理必须面对的挑战。实验室通常包含多种化学品、生物制剂、放射性物质和精密设备，这些元素在特定条件下可能以不可预测的方式相互作用，导致事故发生且后果难以预测。

首先，实验室中使用的化学品种类繁多，它们可能具有不同的物理和化学性质，如反应活性、稳定性、毒性等。这些性质可能在特定条件下发生变化，导致意外的化学反应或物质状态改变。例如，某些化学品在特定温度或压力下可能变得不稳定，甚至发生分解或爆炸。此外，化学品的混合使用可能产生未知的或未被充分理解的化学反应，增加了事故发生的风险。

其次，实验室中的生物制剂，包括细菌、病毒、真菌等，可能具有不同的生物活性和致病性。这些生物制剂在实验室中的使用和处理需要严格的生物安全措施，但它们的生物学特性和行为可能难以完全预测。例如，某些微生物可能在特定条件下发生变异，获得新的抗性或增强的致病性。此外，生物制剂的交叉污染或意外释放可能导致严重的生物安全事件。

再次，实验室中的放射性物质和设备在使用过程中可能带来辐射风险。放射性物质的衰变和射线发射具有随机性，其辐射剂量和影响难以精准预测。此外，放射性物质的不当处理或设备故障可能导致辐射泄露或人员暴露，其后果可能在短时间内不明显，但长期影响可能非常严重。

最后，实验室设备的复杂性和精密性也带来不确定性。设备的正常运行依赖多个部件和系统的协调工作，任何部件的故障或失调都可能导致整个系统的异常。设备的老化、磨损、过载或操作失误都可能引发意外情况，如设备失控、数据丢失或物理损坏。

第二节　实验室事故应急预案的制定与实施

为了有效预防、及时控制和消除实验室意外事故的危害，保障实验室工作人员及社会公众的健康与生命安全，任何从事实验活动的实验室在从事某项危险的实验活动之前，均应结合本单位实际情况，制定实验室事故应急处置预案，并通过培训、演练，使所有工作人员熟悉应对意外事故的处理方法和要求。

一、实验室事故处置应急预案的内容

应急是指在发生突发事件时，能够在短时间内配备人力、物力和财力，并迅速采取措施，使突发事件的损失减少到最低限度的一种措施或体系。

预案是在事件发生前制定的应对方案，预案的制定以预警为基础。而正确的预警来自正确的监测和分析。下面介绍应急预案的主要内容。由于篇幅限制，部分内容仅以实验室感染为例展开叙述。

（一）应急预案的基本内容

1. 总则

总则一般包括背景、编制目的、编制依据及适用范围等。

2. 组织体系与职责

组织体系包括应急处理组织和日常管理机构，需要明确各组织机构的职责、权利和义务，明确事故发生前、发生时、结束后所涉及的各环节中各参与部门的工作与任务。

实验室主要涉及危险化学品事故、火灾事故、特种设备事故、生物安全类事故等的，根据专业分设不同领域的专业应急小组。每个专业应急小组成立风险事故应急指挥部，任命总指挥、副总指挥、抢救组指挥、处置组指挥和疏散组指挥。

总指挥：指挥及组织全面的应急救援工作。可任命相应领域的安全负责人担任。

副总指挥：协助总指挥，为总指挥提供决策参谋，总指挥无法履行职责时，几位副总指挥集体代行总指挥职责。

抢救组指挥：调集抢救组成员第一时间抢救伤员，根据事故情况及上级指示随时准备进行物资抢救。

处置组指挥：调集处置组成员，完成如判断火灾形势、化学品类型，组织灭火；判断泄漏化学品类型，正确指挥泄漏化学品的清理工作等相关工作。

疏散组指挥：调集疏散组成员，判断泄漏扩散情形或火灾形势，指挥人员和物资疏散。

3. 实验室事故的分类分级

此处以实验室感染事故为例展开叙述。实验室感染根据所操作的病原微生物的致病性及其对周围人群和环境危害的严重程度，可划分为不同的类别和等级。实验室感染分为差错和事故两类，其中差错分两个等级，分别为一般差错和重大差错；事故分三个等级，分别为一般实验室感染事故、严重实验室感染事故和重大实验室感染事故。

（1）差错。具体内容如下。

一般差错：生物安全柜内少量洒溢，没有造成严重后果。

重大差错：生物安全柜内大量感染性材料洒溢，污染区、半污染区内或工作服上少量洒溢，没有造成严重后果。

（2）事故。具体内容如下。

一般实验室感染事故：高致病性病原微生物感染性物质洒溢在实验室清洁区，皮肤、黏膜、消毒不彻底发生气溶胶外溢；非高致病性病原微生物实验室发生人员感染，没有造成死亡和病例扩散。

严重实验室感染事故：发生高致病性病原微生物相关人员感染，但没有发生死亡和病例扩散，以及不能排除高致病性病原微生物实验活动导致的感染情况。

重大实验室感染事故：发生高致病性病原微生物相关人员感染并造成或可能造成死亡和扩散流行，以及高致病性病原微生物丢失、被盗。

4. 监测与预警

此处以实验室感染事故为例展开叙述。卫生健康主管部门应指定专门部门负责辖区内病原微生物实验室的感染监测工作，并定期对实验室感染情况进行检查，发现问题及时提出改进措施。

（1）监测内容。具体如下。

实验室工作违章情况监测：包括实验记录，操作情况，仪器年检情况，高致病性病原微生物菌（毒）种和生物样本存储、使用情况，感染性废弃物处置情况等。

实验室意外感染事故监测：感染原因、途径、方式、技术事故或责任事故情况等。

实验室工作人员健康监测：包括个人防护、在实验室工作后健康状况等。

实验室设施和设备运行情况。

（2）监测资料的分析与预警。由卫生健康主管部门专门指定的部门负责收集各类病原微生物实验室监测资料，对收集的资料、数据进行整理、汇总，定期分析实验室生物安全方面的动态变化趋势。发现实验室人员有感染症状或其他异常情况时，及时调查、分析原因；分析发病与流行特征，向生物安全委员会提供预测、预警背景资料，以便及时对病原微生物实验室感染作出预警。

5．报告

此处以实验室感染为例展开叙述。

（1）报告内容。具体如下。

实验室工作违章情况：时间、地点、原因、危害性、事件性质、违章人员、后果以及消毒处置等情况。

实验室感染情况：发生时间、地点、人员、感染原因、途径、发病与健康状况、应急处置情况等。

实验室设施和设备运行异常情况。

病原微生物实验室感染场所的消毒处置情况。

（2）报告机构与报告人。具体如下。

实验室工作人员为法定报告人。除法定报告人外，任何单位和个人均为实验室感染的责任报告人。

任何单位和个人不得隐瞒、缓报、谎报或者授意他人隐瞒、缓报、谎报。

（3）报告程序和方式。具体如下。

报告程序：发现实验室感染一般差错的直接向实验室负责人报告，由实验室内部妥善处理；重大差错的由实验室负责人直接向实验室所在单位的生物安全委员会报告。

发现实验室感染事件后应立即报告所在实验室负责人；所在实验室负责人接报感染事件后应立即报单位生物安全委员会；生物安全委员会负责人应立即报上级卫生主管部门。一般实验室事故报上级卫生主管部门，严重及重大事故应立即报省级卫生主管部门。

报告方式：发生实验室感染事件后，实验室所在单位应填报实验室感染事件报告表，并以最快的通讯方式向上级卫生主管部门报告。

6．应急响应

此处以实验室感染为例展开叙述。

（1）先期处置。发生感染事件的实验室应停止实验活动，实验室所在单位生物安全主管部门或人员接到报告后应对感染事件的基本情况和信息进行核实，并召集生物安全委员会专家成员对所发生的实验室差错或事故的严重程度与可能产生的危害进行分析、评估，以确定实验室差错或事故性质和后果，并对受暴露的实验人员采取医学观察或隔离治疗等措施，最后根据所造成的危害大小和严重程度进行感染事件等级认定。

（2）分级响应。具体如下。

一般实验室感染事故：生物安全领导小组立即组织有关部门全面了解感染发生的情况，督促各有关部门履行各自的职责，落实各项防控措施；停止发生感染的实验室、与发生感染有关的病原微生物的实验活动；立即组织专家组进入实验室进行调查；对污染情况进行评估；对污染区域开展消毒，上报上级卫生主管部门。

严重实验室感染事故：在一般实验室感染事故所采取的措施的基础上，做好以下工作：感染人员立即送定点医院隔离治疗；对发生感染事件的实验室的所有实验室人员进行隔离检查；事件判定后的2小时内报省级卫生主管部门。

重大实验室感染事故：在严重实验室感染事故所采取的措施的基础上，做好以下工作：对发生感染的实验室进行封锁，组织专家进入进行调查；事件判定后2小时内报省级卫生主管部门，由后者上报国务院卫生主管部门。

7. 后期处置

此处以实验室感染为例展开叙述。

（1）实验室感染事件处理的评估。实验室感染事件结束后，生物安全委员会应组织有关人员对事件的处理情况进行评估。评估内容主要包括事件概况、现场调查处理概况、感染危险度、人员救治情况、所采取措施的效果、应急处理过程中存在的问题和取得的经验。评估报告上报上级卫生主管部门，严重和重大事故需上报省级卫生主管部门。

（2）实验室感染事件的解除。一旦发生实验室感染事件，首先必须迅速采取有效措施，把感染事件控制在最小范围。除对感染的实验人员进行必要的隔离观察和治疗外，还应对实验室污染的场所和可能受污染的场所、器具进行全面的消毒处理，以消除传染源，同时还应对密切接触者进行留观。当感染的实验人员经观察已过最长潜伏期，没有出现临床症状或感染指标，或经治疗已经痊愈，同时实验室受污染场所已经过全面、有效的消毒处理，密切接触者经过最长潜伏期后没有感染表现，在确保安全的情况下，可以解除实验室感染事件。

8. 应急保障

此处以实验室感染为例展开叙述。

（1）决策指挥保障。实验室所在单位应成立生物安全委员会，由管理人员、相关专业技术人员组成，通过单位法人授权，负责生物安全技术管理工作。生物安全委员会是实验室感染控制、应急处置工作的管理部门和执行部门，在实验室感染发生时，统一协调、快速行动、有序应急。

（2）物资保障。实验室所在单位后勤保障部门负责实验室感染应急处置物资的保障。包括但不限于：急救箱，包括常用的和特殊的解毒剂；泡沫式灭火剂和灭火毯；全套防护服；有效防护化学物质和颗粒的全面罩式防毒面具；房间消毒设备,如喷雾器和甲醛熏蒸器;担架;工具,如锤子、斧子、扳手、螺丝刀、梯子和绳子等;划分危险区域界线的器材和警告标识。

(3)应急队伍保障。实验室所在单位应具有足够的应急处置工作人员,由流行病学、卫生学、微生物学、寄生虫学、消毒学等学科的专业人员以及后勤保障等有关人员组成应急工作组,以便现场处置实验室感染,同时也可外聘专家帮助处理重大的感染事故。

(4)经费保障。设置实验室感染应急处置专项经费,如急救药品、试剂及专用材料购置经费。

(5)通信与交通保障。实验室与外界的通信采用无线通信设备,根据不同的生物安全实验室配备对讲机、传真机、可视电话等。交通保障设备是指专用载人或设备的密闭交通工具,以及用于应急处置需要动用的车辆。

(6)信息保障。指相关检测实验室基础数据库的维护。应充分利用实验室感染控制及研究信息、实验室感染和传染病疫情报告、实验室感染和传染病检测方法、实验室感染紧急抢救措施、抢救药物供给等国内外信息网。

(7)技术保障。现场快速控制技术包括污染源控制、被感染人员控制以及环境控制技术,主要的技术保障有现场被感染人员救治隔离技术、污染源及环境消毒技术、污染物的快速检测技术、日常维护的常规检测分析技术的建立和应用。特别是快速检测技术的建立和应用,其对实验室感染者的诊断和患者治疗有重要意义。在实验室感染者诊断方面,可采用分子生物学和免疫学进行快速诊断,并开发和建立多方面的快速检测方法,实行良好的技术储备,不断发展新的检测技术以应对实验室感染者的诊断。

(8)人员防护保障。感染人员保护措施有隔离住宿、救治场所;密切接触者保护措施有隔离住宿、观察、监测;感染现场(实验室)保护措施有配备消毒药品、设备(喷雾器等);现场工作人员防护措施有配备个人防护设施,根据发生事件的级别运用相应的个人防护设施,如普通防护衣、正压服、眼罩、手套、帽子、靴子、洗眼器等。

9. 预案演练

实验室所在单位应定期举行演练。如出现生物样本的泄漏,应如何进行消毒处理;如出现人员感染,应如何应急处理、监测、治疗、观察、评估;如何处理现场;如何执行事故报告制度;实验室负责人员如何响应;如何对事件处理做出评价。

(二)具体应急响应与处置

1. 应急响应

此处以化学品泄漏和病原微生物泄露的应急响应为例展开叙述。

(1)化学品泄漏。实验室内发生化学品泄漏事故时,及时报告给化学安全事故应急小组。经领导小组总指挥确认后，疏散组应及时组织现场人员迅速撤离到安全区域，对泄漏区域进行隔离，建立警戒区，设置断路标志，禁止无关人员进入。

控制火源，在警戒区内严禁火种，严禁开关电闸，现场禁止使用非防爆型的对讲机及移动电话等通信工具，并且要及时组织力量救出受困人员，减少人员伤亡。

抢险组通过必要的、安全的手段进行现场检测，以准确判定现场空气安全状况，确保异常情况下抢险救灾人员的撤离行动得以及时实施。

进入现场的抢险人员必须佩戴防护面具和穿防护服、工作靴等防护用品。根据化学品性质、泄漏量大小及现场情况，采取相应的处理手段。发生少量液体化学品泄漏时，对有机溶剂可迅速采用活性炭、高岭土粉、沙土或其他惰性材料吸收；对酸、碱等腐蚀性试剂采用中和法（强酸可用碳酸钠、石灰、大理石粉等中和，强碱可用醋酸、草酸中和）；对固体化学品的破碎泄漏，清扫后用塑料袋妥善包装密封，交相关单位处置，并采取适当的方法对泄漏点进行洗消。若发生火灾，应根据化学品性质使用对应的灭火器材，迅速扑灭明火，同时继续加强周围场所的冷却，直至温度降至常温。泄漏量很大，无法堵漏时，总指挥下令全体人员迅速撤离至安全地带，同时封锁控制现场，等待救援。

（2）病原微生物泄漏。发生病原微生物泄漏应及时报告生物安全事故应急小组。领导小组总指挥应立即组织人员对泄漏事故进行确认，并对泄漏的病原体的性质及扩散范围进行充分评估。处置组告知被污染的区域，并用警示标识标注被污染的区域，警告工作人员"请勿靠近"，并紧急通知实验室的安全管理员和负责人。

处置组人员佩戴好防护器具，先用垃圾清理用具清理打破或打散的试管、培养基等，并将其置于高压灭菌锅中当作感染性危废物进行无害化处理（由持有特种设备作业人员上岗证的人员操作）。在污染区域覆盖有效、足量的消毒液进行消毒，并使其保持足够的作业时间，用拖把清除污染物。本次使用过的垃圾清洁用具全部当作感染性垃圾处理，不可再次使用，防止二次污染。打开排风系统，排除或沉降气溶胶。张贴"禁止进入"的标识，危险排除后才可重新进入实验室。

潜在危害性气溶胶释放时，疏散组应让所有人员立即撤离相关区域。

2. 应急处置

（1）化学品腐蚀。化学品溅入眼内，眼睛受污染时，应坚持自行就地处理的原则，立即拉升眼睑，使溅入物流出，同时用大量流动清水或生理盐水彻底冲洗。冲洗时应将眼睑提起，注意将结膜囊内的化学物质全部冲洗掉，同时要边冲洗边转动眼球，冲洗时间不少于15分钟，严重时立即送医院就医。

皮肤被化学品溅到而灼伤时，应就地将溅落物吸除，立即脱去被污染的衣服，用大量流动清水冲洗，冲洗要及时、彻底、反复多次。头部被灼伤时，要注意眼、耳、鼻的清洗，冲洗时间不少于15分钟，严重时立即送医院就医。

（2）中毒。抢救组应迅速将中毒者带离事故现场，并将其转移至空气清新处；注意保暖；解开领口，保持呼吸畅通；根据中毒者呼吸情况及时输氧（鼻管给氧、密闭口罩给氧或帮助强给氧）；如呼吸停止，立即进行心肺复苏，并立即送医院就医。

不慎食入化学品时，应用足量饮用水进行催吐或用植物油洗胃，严重时立即送医院就医。

（3）触电。应使触电者迅速脱离电源。迅速切断电源；用干燥的绝缘木棒、布条等将电源线从触电者身上拨离，或将触电者拨离电源；严禁救护者用手直接推、拉和触摸触电者；严禁救护者使用金属物品或其他绝缘性能差的物体进行救援；触电者脱离电源后，必须立刻对其采取急救措施，如人工呼吸、心脏按压等；触电事故发生时，立即拨打120并联系医疗部门寻求救助。

（4）烧伤。应根据烧伤伤势的严重性做好相应救护，对轻伤者可用止血膏止血，再用纱布包扎，送医院救治，对严重者应立即送医院就医。

（5）机械伤害。发生机械事故，发现有人受伤，必须立即停止运转的机械并拨打120。接通后，应注意说明受伤者的受伤部位和受伤情况，发生事件的区域或场所，以便让救护人员事先做好急救准备。

注意有较重外伤人员呼吸、心跳的变化，必要时进行心脏复苏；对有骨折出血的伤员进行包扎、固定处理，将伤员送往附近医院救治；发生断手、断指等严重情况时，对断手、断指应用清洁敷料包好并放入塑料袋内，扎紧袋口，在袋周围放冰块，随伤者送医院。

二、应急预案的编制

（一）成立应急预案编制工作小组

实验室应建立总体应急预案，并由实验室最高管理者组织编写、发布和实施，由各专业领域负责人编制专项应急预案，检验检测一线应该有现场处置预案。参与编制的人员应包括相关领域的专业人员，由其负责编制应急预案中涉及专业知识的内容。参与编制的人员在编制过程中和编制完成后应相互咨询、相互交流并建立有效、可行、科学的应急预案。

（二）风险识别与资源评估

首先，研究法律、法规与规章；研究现有应急预案内容，如危险化学品泄漏事故应急预案、危险品预案、消防预案等。

其次，分析和评估实验室的潜在风险。针对突发事件特点，识别事件的危害因素，分析事件可能产生的直接后果以及次生、衍生后果，评估各种后果的危害程度，提出控制风险、治理隐患的措施。

最后，做应急资源调查。全面调查本实验室第一时间可调用的应急人员、装备、物资、场所等应急资源状况和合作区域内可请求援助的应急资源状况。分析和评估应急能力，包括在各种突发事故发生时，各种应急设备设施能否满足救援与抢险所需，外部援助在需要时能否及时到位，还有没有其他资源可以优先利用。

（三）应急预案编制

在对实验室的各种风险和应急能力分析后编写应急预案，要全面考虑事故发生前、发生时和发生后每个人的任务、相应的策略和资源准备。编写要认真、细致，确保编写的应急预案的科学性、合理性和可操作性。

应急预案编制过程中应当广泛听取有关部门意见，与相关预案做好衔接。必要时，在公司内征求意见。

（四）应急预案审核与发布

应急预案编制完成后应进行评审，依据有关规定，对应急预案的层次结构、内容格式、语言文字和制订过程等内容，对应急预案的符合性、适用性、针对性、完整性、科学性和可行性等方面进行评审。应急预案编制完成后公开发布，广泛征求意见，并做相应修改。

（五）建立应急演练制度

实验室应当建立应急演练制度，定期组织各级别应急预案的演练，提升员工的应急能力。每年应编制演练计划，涉及易燃易爆物品、危险化学品、病原体微生物等实验室，应当针对性地经常组织开展应急演练，实验室还应当进行演练评估。评估的主要内容包括：演练的执行情况，预案的合理性与可操作性，指挥协调和应急联动情况，应急人员的处置情况，演练所用设备的适用性，对完善预案、应急准备、应急机制、应急措施等方面的意见和建议等。

（六）培训和宣传教育

实验室应当通过编发材料、举办培训、开展工作研讨等方式，对与应急预案实施密切相关的管理人员和实施人员等组织开展应急预案培训。相关部门应将应急预案培训作为应急管理培训的重要内容纳入日常培训活动。应当充分利用各种渠道广泛宣传，如办公自动化系统、工作场所展示等，也可向员工发放通俗易懂、好记管用的宣传普及材料。

三、应急救济体系的建立与完善

提高安全防范意识、建立严密的实验室安全管理体系等措施确实在很大程度上避免了实验室安全事故的发生，但是，实验室仍然要建立健全安全事故应急救济体系，知道应急救援如何迅速、高效、有序地开展，将事故的人员伤亡、财产损失和环境破坏降到最低。实验室安全应急救济体系应包括组织体制、应急措施和事故处理步骤以及事后心理疏导、网络舆情引导等方面的内容。

建立实验室安全事故应急预案工作小组，小组成员各司其职。加强实验室应急预案的演练，做到工作小组成员人人参与，增加实际经验。当确认实验室安全事故已经发生后，工作小组应按照"统一指挥，分级管理，分工协作、快速应对"的工作方针，立即启动预案，组织开展处置救援工作。

实验室事故一旦发生，势必会影响教学、科研工作的正常运行。尤为重要的是，安全事故相关人员将会有极大的心理动荡，为了尽快恢复其心理健康，应建立实验室安全心理干预机制。可借助原有心理辅导中心，建立合理的心理调节网络，评估实验室相关人员的日常的心理状态，以做好实验室日常心理指导与干预。安全事故发生后，要加强后期相关人员心理的疏导与调适，确保人员的心理因素在实验室安全管理中发挥积极的作用。

由于网络的普及，舆情的蔓延主要通过互联网进行，进而形成网络舆情。因此，一旦实验室安全事故发生，宣传部应负责做好宣传工作，向外界及时通报事件情况，积极开展网络舆情监管、预警，并进行正确的舆论引导。

第三节　事故调查

一、事故调查概述

实验室事故调查是提高实验室安全管理水平、防止类似事故再次发生的重要环节。事故发生后，及时、全面、深入的事故调查，以及对事故原因的分析和总结，对于提升实验室安全文化、完善安全措施具有重要意义。

事故发生后应立即启动事故调查程序。调查的首要任务是确保人员安全，对事故现场进行控制,防止事故扩大。同时,应尽快收集事故现场的证据,包括事故现场的状况、涉及的物质、使用的设备、操作过程等。这些证据对于分析事故原因、评估事故影响至关重要。

事故调查应由专业人员进行,他们应具备相关的技术背景和调查经验。调查人员需要对事故现场进行仔细的勘查,收集物证、询问目击者、查阅相关记录等。调查过程中,调查人员应保持客观、公正的态度,避免受到个人偏见或外部压力的影响。

在事故原因分析方面,需要综合考虑各种可能的因素,包括人为因素、物质因素、设备因素、环境因素等。人为因素可能包括操作失误、疏忽、缺乏培训等;物质因素可能包括化学品的不稳定性、生物制剂的致病性、放射性物质的辐射性等;设备因素可能包括设备故障、设计缺陷、维护不当等;环境因素可能包括温度、湿度、压力等条件的异常。通过对这些因素的综合分析,可以确定事故的主要原因和次要原因。

事故调查的另一个重要方面是对事故后果的评估。这包括对人员伤害、财产损失、环境污染等方面的评估。评估结果有助于了解事故的严重程度,为事故处理和赔偿提供依据。

在事故调查结束后,应形成一份详细的事故调查报告。报告应包括事故的基本情况、调查过程、原因分析、后果评估、改进建议等内容。报告应以事实为依据,客观、全面地反映事故的各个方面。

调查完成后,应根据事故调查结果采取相应的改进措施。这可能包括修订操作规程、加强安全培训、更新设备设施、改善实验室环境等。同时,应将事故教训传达给所有实验室人员,提高他们的安全意识,防止类似事故再次发生。

此外,实验室还应建立事故数据库,记录所有发生的事故和调查结果。这有助于分析事故发生的规律和趋势,发现潜在的安全问题,为实验室安全管理提供决策支持。

总之,实验室事故调查是实验室安全管理的重要组成部分。通过及时、全面的事故调查,深入分析事故原因,采取有效的改进措施,可以不断提高实验室的安全水平,保障人员和环境的安全。

二、事故原因分析及经验教训

(一)爆炸事故

实验室事故的发生往往源于多种因素的交织,这些因素包括但不限于操作不当、设备老化或故障、化学品管理的疏漏以及安全防护措施的不足。以下以某大学实验室爆炸事故为例,深入探讨事故发生的复杂原因。

该事故发生在市政环境工程系学生进行垃圾渗滤液污水处理的科研实验过程中。初步调查表明,实验涉及镁粉和磷酸的搅拌反应,过程中料斗内产生的氢气遇到了搅拌机转轴处因金属摩擦或碰撞产生的火花,引发了爆炸。这场爆炸不仅威力巨大,还由于镁粉形成的粉尘云参与了反应,导致了更为剧烈的爆炸和火灾,造成了3名参与实验的学生不幸遇难。

事故的调查揭示了多方面的管理疏漏和违规操作。一是实验室的安全管理责任没有得到充分落实,负责人未能有效执行实验室安全规程,对实验过程中的潜在危险缺乏足够的认识和预防措施。二是实验室内危险化学品的管理存在明显缺陷,这些化学品没有得到适当的控制和监督。三是实验室的设备维护和检查不到位,未能及时发现并修复可能导致危险的设备故障。

在操作层面,事故反映出实验人员对于实验操作规程的忽视,以及对实验中使用危险化学品潜在风险的认识不足。实验人员在没有采取充分安全防护措施的情况下进行高风险实验,缺乏必要的安全培训和事故应急演练。同时,实验过程中缺乏有效的监督和指导,导致在关键时刻无法做出正确的判断和反应。

此外,事故还暴露出学校在实验室安全文化建设方面的不足。安全文化是实验室安全管理的重要组成部分,它要求每个人都能意识到安全的重要性,并在日常工作中主动采取安全措施。然而,在这起事故中,从管理层到实验人员,对实验室安全的重视不足,未能形成一种人人参与、人人负责的安全氛围。

综上所述,这起爆炸事故是一起典型的由多重因素引发的责任事故。它提醒我们,实验室安全管理是一项系统工程,需要从制度建设、人员培训、设备维护、化学品管理、安全文化等多个方面入手,建立全面的安全防护体系。只有这样,才能有效预防和减少实验室事故的发生,保障科研人员的生命安全和实验室的正常运行。

(二)烧瓶炸裂事故

广州某大学药学院实验室烧瓶炸裂事故是一起令人深感痛心的实验室安全事故,它不仅给当事人带来了严重的身体伤害,还给实验室安全管理敲响了警钟。一名博士研究生在清理实验室通风柜时,发现了之前毕业生遗留在烧瓶内的未知白色固体。在用水冲洗这些固体的过程中,烧瓶发生了剧烈的炸裂,导致该生受到了严重的伤害。

事故的分析显示,这些未知的白色固体可能含有氢化钠或氢化钙,这些物质在遇到水时会发生剧烈的化学反应,产生大量的热量和气体,从而引起烧瓶的炸裂。氢化钠和氢化钙都是高活性的化合物,它们与水反应会生成氢气和相应的氢氧化物，反应过程中释放出的热量足以引发爆炸。这种类型的化学反应在实验室中并不罕见，但是如果没有适当的安全措施和预防意识，就可能造成严重的后果。

这起事故反映出实验室安全管理中存在的多个问题。

首先，实验室内危险化学品的标识和存储存在疏漏。实验室应该对所有化学品进行严格的管理，确保每一种化学品都有明确的标识，包括其名称、性质、危害和安全措施等。此外，化学品的存储也应该符合相应的安全规范，避免不同性质的化学品混合存放，引发潜在的安全风险。

其次，实验室人员对于危险化学品的认识和处理能力不足。在这起事故中，博士研究生可能并未意识到烧瓶内白色固体的危险性，或者在处理这些未知物质时缺乏必要的安全知识和技能。实验室应该加强对学生的安全教育和培训，确保他们了解各种化学品的性质和可能的风险，掌握正确的处理方法和应急措施。

再次，实验室的应急预案和事故响应机制也存在不足。事故发生后，虽然在场的同学和教师及时进行了施救，但是如果实验室有完善的应急预案，可能会更有效地减少事故造成的伤害。实验室应该制定详细的应急预案，包括事故发生时的紧急处置措施、人员疏散路线、急救方法等，并定期进行演练，提高实验室人员的应急处置能力。

最后，这起事故也提醒了实验室管理人员和科研项目负责人需要加强对实验室安全的重视。他们应该定期对实验室进行安全检查，发现并及时解决安全隐患。同时，也需要建立和完善实验室的安全管理制度，包括化学品管理、设备维护、操作规程、安全培训等，确保实验室的安全运行。

此外，这起事故也凸显了高校和社会对于实验室安全文化建设的重视程度不够。实验室安全不仅仅是实验室管理人员和科研人员的责任，还是整个社会应该关注的问题。高校和社会应该共同努力，提高公众对于实验室安全的认识，营造一个重视安全、人人参与的安全文化氛围。

综上所述，广州某大学药学院实验室烧瓶炸裂事故是一起典型的实验室安全事故，它揭示了实验室安全管理中存在的多个问题，包括危险化学品的管理、人员的安全教育和培训、应急预案和事故响应机制、实验室管理人员的责任以及实验室安全文化建设等。这起事故给我们的教训是深刻的，它提醒我们在进行科学研究的同时，必须高度重视实验室安全，采取有效措施，防止类似事故的发生，保障科研人员的生命安全和实验室的正常运行。

第七章 实验室安全培训与文化建设

第一节 实验室人员安全培训的重要性

要实现真正的安全,需要同时兼备实验室安全与安保两个条件,而实验室的相关人员便是两者之间的关键纽带。实验室相关人员不仅指实验的直接参与者,还包含维护人员、调查人员、执法人员、访客,以及与实验室运行相关的行政人员。

相比于通过实验设备的更新降低安全风险,人员培训具有更高的长期效益。在相同资金的投入下,加强安全培训不仅能够持续产出具备专业能力的人员,还有助于实验室整体安全氛围的形成,对实验室的健康发展具有深远的意义。有数据显示,某高校新生经过系统的培训后,可降低20%左右的维修损耗费,并实现全年零事故。由此可见,对实验室相关人员进行系统培训,是保证实验室安全的有效手段。但长期以来,我们忽略了参与人员这一重要安全因素。因此,对实验室相关人员进行系统培训迫在眉睫。

一、人员安全培训的重要性

培训是一种有组织的知识传递、技能传递、标准传递、信息传递、信念传递、管理训诫行为。持续、有效的培训和拓展是实验室人员专业素质不断提高的重要保证,是所有改进举措中的核心,更是实验室质量管理体系建设的重中之重。因此,建立行之有效的培训机制是保证质量及持续改进的有效方式。实验室管理层应为所有员工提供培训,包括质量管理体系、工作过程和程序、适用的实验室信息系统、健康与安全(包括防止或控制不良事件的影响)等,始终对在培人员进行监督,评审每名受训者在适当培训后执行所指派管理或技术工作的能力,并定期评价培训计划的实施效果;对各类人员制定继续教育计划,并定期评价继续教育计划的效果;记录并评价全体人员的教育和专业资质、培训和工作经历、能力等。具体到实验室人员的安全培训，其重要性如下。

（一）提升安全意识

安全培训在提升实验室人员的安全意识方面发挥着至关重要的作用。这种培训不仅传授知识和技能，还培养安全文化，让安全成为实验室人员根深蒂固的习惯和自觉行动。通过系统的安全培训，实验室人员能够充分认识到实验室环境中存在的潜在危险，理解遵守安全规程的重要性和在实验过程中保持警惕的必要性。

安全培训通过介绍实验室中常见的危险源，如危险化学品、放射性物质等，使实验室人员对这些潜在的风险有一个清晰的认识。了解这些危险源的特性、危害和正确的处理方法，是提升实验室人员安全意识的第一步。

安全培训强调了遵守安全规程的重要性。实验室人员通过培训了解到，每一项安全规程都是基于保护人员安全和健康的原则制定的。即无论是穿戴个人防护装备、使用特定设备的操作程序，还是实验室的紧急疏散路线，每一项规程都是为了在发生危险时能够最大程度地减少伤害。

安全培训通过案例分析、角色扮演和模拟演练等互动方式，使实验室人员能够在模拟的情境中体验和学习如何应对紧急情况。这种体验式的学习能够加深人员对安全知识的理解，并提高他们在真实情况下的应对能力。

安全培训包括对实验室安全文化的培育。通过培训鼓励实验室人员积极参与安全管理，如提出安全隐患、参与安全检查和改进安全措施等。这种参与感和责任感有助于形成一种积极主动的安全文化，使安全成为实验室每个人的共同目标。

安全培训还涉及职业健康和安全法规的教育培训，可使实验室人员了解国家和地方关于职业健康的法律法规，以及实验室安全管理的相关政策和标准。这种法规意识有助于实验室人员在实验活动中自觉遵守法律，维护自身和他人的权益。

安全培训还应包括对新技术、新方法和新设备的安全使用教育。随着科学技术的发展，实验室会不断引入新的技术和设备，安全培训需要及时更新内容，确保实验室人员能够掌握这些新工具的安全操作方法。

（二）掌握安全知识

实验室人员通过安全培训掌握的安全知识是保障实验室安全运行的基石。这些知识涵盖了化学品安全、生物安全、辐射安全、电气安全等多个方面，为实验室人员在面对各种潜在危险时提供必要的理论基础和实践指导。

在化学品安全方面，培训内容通常包括对危险化学品的识别、分类和标签理解，以及它们对人体和环境可能造成的危害。实验室人员需要了解不同化学品的性质，比如腐蚀性、毒性、易燃性和反应性，以及如何安全地存储、处理和处置这些化学品。此外，培训还会涉及化学品的相容性和不相容性，以及如何预防和处理化学品泄漏事故。

生物安全培训侧重于教授实验室人员如何评估生物样本的潜在风险，包括病原体的传染性和致病性。实验室人员需要学习如何使用生物安全柜、如何安全操作病原微生物以及如何执行废物的生物安全处理程序。此外，培训还包括对生物危害的识别、生物安全级别的划分和相应的实验室操作规程。

辐射安全培训旨在使实验室人员了解不同类型的辐射源、辐射对人体健康的潜在影响以及如何预防辐射危害。这包括了解放射性物质的安全使用、储存和运输，以及如何正确使用辐射检测仪器和个人剂量计。实验室人员还需要掌握在发生辐射事故时的应急响应措施。

电气安全培训关注实验室中电气设备的安全使用，包括对电气设备的正确接线、接地和绝缘的理解。实验室人员需要学习如何识别电气危险，比如过载、短路和漏电，并了解如何安全地使用各种电气工具和设备。此外，培训还会教授如何执行日常的电气安全检查和维护。

除了这些专业领域的安全知识，培训还应包括一些通用的安全概念和原则，如危险辨识和风险评估、安全工作实践、个人防护装备的使用、紧急疏散和应急预案的执行。这些知识有助于实验室人员建立全面的安全意识，使其能够在实验过程中采取适当的预防措施，减少事故发生的风险。

安全培训还强调安全信息和沟通的重要性。实验室人员需要知道如何获取和理解安全数据表、安全标志和标签、操作手册和其他安全信息资源。有效的沟通可以在团队成员之间传递关键的安全信息，确保每个人都了解潜在的危险和应对措施。

（三）了解应急措施

了解应急措施是实验室安全培训中至关重要的一部分，它确保实验室人员在面临紧急情况时能够迅速、有效地采取行动以减轻伤害和损失。这种培训通常涵盖一系列紧急情况的应对办法，包括但不限于火灾、化学品泄漏、人身伤害等事故的应急处置方法。

培训会对火灾发生时的应对措施进行详细讲解。实验室人员需要了解不同类型的火源以及相应的灭火方法。例如，对于普通可燃物质的火源，可以使用水或泡沫灭火器进行灭火；而对于涉及电气设备或易燃液体的火灾，则需要使用干粉或二氧化碳灭火器。培训还会教授如何使用灭火器，以及如何安全地疏散人员和设备。

对于化学品泄漏，培训会教授实验室人员如何识别泄漏源，评估泄漏的严重程度，以及如何采取控制措施防止泄漏扩散。这包括使用适当的材料和技术围堵泄漏，以及如何安全地收集和处置泄漏的化学品。此外，培训还会强调在处理化学品泄漏时的个人防护措施，以及如何通知相关部门和启动应急预案。

人身伤害的应急处置也是培训的重点。实验室人员需要学习基本的急救技能，如心肺复苏、止血、包扎伤口等。培训还会教授如何使用急救箱中的各种医疗用品，以及在紧急情况下如何快速联系专业医疗救援。

培训包括对紧急疏散程序的讲解，确保实验室人员了解最近的安全出口、疏散路线和集合点。在紧急情况下，人员需要迅速但有序地撤离，避免造成更大的伤害和混乱。

培训会涉及特殊类型的紧急情况，如生物危害、放射性物质泄漏等，以及相应的应对措施。实验室人员需要了解如何识别这些特殊危害，以及如何采取特殊的防护和处置措施。

在培训过程中，实际操作演练是不可或缺的一部分。通过模拟紧急情况，实验室人员可以在可控的环境中练习应急处置技能，从而在真实情况下能够更加自信和有效地应对。这些演练可能包括使用灭火器进行灭火、模拟化学品泄漏的控制和清理、进行急救操作等。

培训还会强调信息记录和事故报告的重要性。在紧急情况发生后，实验室人员需要记录事故发生的时间、地点、原因、影响和采取的措施等信息，以便进行事故分析和后续的预防工作。

综上所述，了解应急措施的培训是实验室安全管理的重要组成部分。通过这种培训，实验室人员能够掌握必要的应急处置技能，提高对紧急情况的应对能力，从而在事故发生时能够迅速、有效地响应，最大限度地减少事故造成的伤害和损失。

（四）培养良好习惯

定期的安全培训对于培养实验室人员良好的安全习惯至关重要。这些习惯不仅有助于维护实验室的日常安全，还能在紧急情况下发挥关键作用。以下是对培养良好安全习惯重要性的详细叙述：

安全培训能够教育实验室人员保持工作区域的整洁。一个干净、有序的工作环境能够减少意外事故发生的风险。培训中，实验室人员会学习如何正确地存放化学品和设备，避免杂乱无章的堆放带来的潜在危险。此外，培训还会强调定期清理工作台和实验区域，确保工作空间内没有不必要的物品，从而提供一个更为安全的实验环境。

安全培训教授实验室人员如何正确处理废弃物。这包括了解不同类型的废弃物处理方法，如化学品废弃物、生物废弃物和一般垃圾的分类收集与处理。正确处理废弃物不仅能防止环境污染，还能避免可能的健康风险。培训中，实验室人员将学习使用专用的废弃物容器，遵守废弃物处理规程，以及如何安全地处置尖锐物品和破损的玻璃器皿。

安全培训强调及时报告安全隐患的重要性。通过培训，实验室人员将知道在发现潜在危险或不符合安全规程的操作时，应立即报告负责人或安全官员。这种主动性有助于及早发现和解决安全问题，防止小问题演变成大事故。

安全培训会涉及个人防护装备的正确使用。实验室人员将学习如何根据实验的具体风险选择合适的个人防护装备，如实验服、安全眼镜、手套、口罩等，并了解如何正确穿戴和脱下这些装备。这有助于减少职业暴露，保护工作人员的健康。

安全培训包括对设备操作规程的教育培训。实验室人员需要了解各种设备的使用方法和潜在风险，学习如何进行设备的安全检查和维护。这有助于确保设备的正常运行，减少因设备故障引发的安全事故。

安全培训教授实验室人员如何遵守实验操作规程。这些规程包括化学品的取用、反应过程的监控、实验记录的准确填写等。通过遵循这些规程，实验室人员能够更加规范地进行实验操作，降低操作失误带来的风险。

安全培训强调安全信息的获取和使用。实验室人员需要学会如何阅读和理解安全数据表、操作手册和安全标志，这些信息对于正确处理化学品和设备至关重要。

安全培训是一个持续的过程，需要定期进行回顾和更新。随着实验室技术的发展和安全规程的更新，定期的培训有助于确保实验室人员掌握的安全知识和技能是最新的。

综上所述，定期的安全培训对于培养实验室人员的良好安全习惯至关重要。这些习惯包括保持工作台整洁、正确处理废弃物、及时报告安全隐患、正确使用个人防护装备、遵守设备操作规程、遵循实验操作规程以及获取和使用安全信息。通过这些习惯的培养，实验室人员能够在日常工作中保持高度的安全意识，减少事故发生的风险，确保实验室的安全运行。

（五）减少事故的发生

安全培训是实验室安全管理中不可或缺的一环，其核心目的在于通过教育和实践，使实验室人员能够更好地识别和控制潜在风险，有效减少事故发生的概率，确保个人和同事的安全。以下是对安全培训如何减少事故发生的详细叙述。

安全培训通过提供必要的安全知识教育，使实验室人员能够识别各种潜在的危险源，包括但不限于化学品、生物制剂、放射性物质、电气设备等。了解这些危险源的特性和可能造成的伤害，是预防事故发生的第一步。

培训内容通常包括风险评估技能的传授，这使实验室人员能够对实验操作中的风险进行评估，并采取相应的预防措施。这包括学习如何使用风险评估工具和技术，以及如何制订和实施风险控制措施。

安全培训着重于教授安全操作规程和标准操作程序，以确保实验室人员在进行实验操作时遵循正确的步骤和方法。这些规程和程序是根据实验的具体风险制定的，目的是减少人为错误和操作失误。安全培训是一个持续的过程，需要定期更新，以适应新的科学发现、技术进步和法规变化。通过不断的学习和实践，实验室人员能够不断提高自己的安全意识和技能，为实验室的安全运行作出贡献。

总之，安全培训通过传授安全知识、风险评估技能、安全操作规程、标准操作程序等，使实验室人员能够更好地识别和控制风险，有效减少事故发生的概率，保护个人和同事的安全。

（六）提高事故应对能力

提高事故应对能力是实验室安全培训的核心目标之一。通过系统的培训，实验室人员能够掌握必要的知识和技能，以便在事故发生时迅速、有效地采取行动，减少事故的严重程度和影响。以下是培训如何提高事故应对能力的详细叙述。

安全培训使实验室人员能够识别各种潜在的危险和事故征兆。了解不同类型事故的特点和后果，是采取正确应对措施的前提。培训中，实验室人员将学习如何观察实验过程中的异常情况，如化学品泄漏、火灾苗头、设备故障等，并及时作出反应。培训内容通常包括事故应急响应的基本步骤和原则。实验室人员将学习如何在事故发生时保持冷静，快速评估情况，采取初步控制措施，并通知相关人员或部门。这包括了解如何使用实验室内的通信系统和紧急报警装置，以及如何向紧急服务部门报告事故。

安全培训教授实验室人员如何执行紧急疏散和自救互救措施。在火灾或其他需要紧急撤离的情况下，实验室人员将学习如何迅速、有序地离开危险区域，到达安全地点。同时，培训还会涉及基本的急救技能，如心肺复苏、止血、包扎等，以便在等待专业医疗救援时提供初步救治。

培训会讲解特定类型事故的应对方法。例如，对于化学品泄漏事故，实验室人员如何使用适当的材料和技术进行围堵和清理，如何安全地处置泄漏物质，并采取适当的个人防护措施。对于涉及放射性物质、生物制剂等特殊危险的事故，培训将提供特定的应对策略和防护措施。培训还强调事故后的现场保护和信息收集。在事故发生后，实验室人员应保护现场，避免潜在证据被破坏，同时收集和记录事故的详细信息，为事故调查和分析提供依据。

安全培训还涉及事故调查和后续改进措施的制订。实验室人员将学习如何参与事故调查，分析事故原因，提出预防措施，并参与制定和实施改进计划，以防止类似事故再次发生。

通过安全培训，实验室人员能够提高事故应对能力，这包括识别危险和事故征兆、执行应急响应步骤、进行紧急疏散和自救互救、采取特定事故的应对措施、使用特殊设备、保护事故现场和收集信息、参与事故调查和改进措施的制定。

二、对高校研究所实验人员进行安全培训的重要性

高校研究所的实验人员除了科研教职工，主要是研究生及部分本科生，他

们实践经验尚浅,但又是科研实验的主力人员,其实验操作存在安全隐患。同时,研究所进行的实验与本科生实验课的实验大有不同。本科生实验课的实验大多属于基础性、周期短,且容易操作的实验,安全性也在可控的范围内。而研究所的实验相当前沿,经常涉及尚未有人深入了解的领域,周期长度达一整天乃至几天。而实验过程中产生的疲劳也会增加意外风险发生的概率。

因此,制订一个严谨、系统的安全培训计划,对研究所内的工作人员开展实验室安全教育培训,是保护其免于实验危害、维护实验环境及实验室工作人员人身安全的基本保障。

在人员数量上,研究所类机构的实验人员规模一般在几十到几百人,在制订培训方案的时候,既要考虑针对性,又要考虑避免过多时间的投入造成喧宾夺主,进而影响正常实验工作。

第二节 实验室安全培训内容与流程

一、安全培训内容

实验室应制定系统的安全培训体制,涵盖内容应广泛,包括设备使用维护培训、应急培训等,应保留培训记录并采用适当方法对培训的有效性进行评价;实验室应确保所有进入实验室的人员经过实验室相关安全培训,明确实验室要求;实验室负责人应组织各级部门学习学校、研究院所、企业出现的安全风险隐患和发生的安全事故,结合本实验室实际情况进行整改,并做好并保存所有相关记录。

要注意的是,不同岗位级别的工作人员所具备的专业素质和能力不同,实验室应因材施教,开展差异性培训,根据不同级别工作人员的普遍情况设计适应性良好的教育培训方案,分不同管理层、不同基层进行安全培训,并制订合理的绩效评估体系,促进实验室人员安全生产素质整体提升。

(一)日常安全培训

实验室应设计多样化的日常安全培训内容,除了学习最新的实验室法律法规、安全制度、操作规程等,还应根据实验室性质增加特色化内容,如紧急自救常识、实验室相关事故案例等。日常安全培训的受众应广泛,除了实验室工作人员,其他人员也应熟识实验室安全知识,实现安全培训常态化。

（二）分类培训

入职培训：包括实验室安全常识、实验室可能存在的风险及降低风险的措施以及各项规章制度等。培训结束后，通过安全测试之人方能入职。

入职后培训：包括实验作业流程、实验仪器设备使用办法、实验室涉及的危险化学品及其安全技术说明书等。

（三）专题培训

实验室定期开展专题培训，包括但不限于消防培训、个体防护装备培训、风险辨识培训、化学品常识培训等。

二、医学实验室人员培训举例

（一）岗前培训

岗前培训的对象是所有新员工。岗前培训的内容主要分为两部分：一是医德医风岗前培训，由医院人事科、科教部等部门组织，负责介绍医院的历史、文化、服务理念、规章制度、信息体系、技术体系、业务体系、服务体系等内容，以及相关礼仪、上岗所需的行为规范，培训方式为人事科安排专门人员授课，培训结束由人事科负责考核和形成相应的记录。二是上岗前的技能培训和实验室安全培训，技能培训由教学秘书负责组织，主要介绍实验室总体情况、科室规章制度、业务职能、质量管理、职业道德、保密原则及要求等，并要求新进员工签署保密承诺；实验室安全培训包括生物安全、消防安全、个人防护安全，由实验室安全员负责落实、考核。

（二）在岗培训

在岗培训包括新进员工轮转培训、员工轮岗培训、离岗六个月或以上人员培训、常规培训、外部培训。

1. 新进员工轮转培训

新进员工到科室即进行为期四个月的常规轮转，即在各专业组进行轮转，熟悉专业组实验操作和工作流程。在轮转期间，由各组组长负责对本组轮转员工进行本组各项制度、文件、操作规范和应知、应会知识的培训，并在各专业组轮转结束前对其执行指定工作的能力进行评定。笔试考核和能力检测结果由技术负责人审核，并登记存档。新进员工在轮转期间还要自发地利用业余时间对科室的体系性文件进行学习，教学秘书负责进行考核。四个月常规轮转结束后，分到各专业组，各组对新进员工进行标准作业程序培训和具体的项目检测操作、仪器使用等培训。在最初的两个月内进行两次能力评估（间隔为三十天），并记录评估结果。两次评估合格后，技术负责人进行一次综合能力评估，即从其独立处理各类标本的接收、保存、检测，报告准确率、及时率等方面进行综合评估。如评估不合格，其需重新培训 1~2 月，再重新评估，评估合格后方能获得仪器使用和检测工作授权。员工只能使用被授权的仪器和从事被授权的检测工作。

2. 员工轮岗培训

原则上，员工轮岗只针对低年资人员或因工作需要进行，但考虑到实际情况，也可以根据个人意愿。为保证轮岗人员有充裕的时间学习，且不影响所在专业组的正常工作，轮岗时间一般为两年，并尽量保证每个专业组只有一名轮岗人员。各组根据本组实际情况安排轮岗员工的工作，并针对每个人制订轮岗培训计划。培训内容包括各类标本的采集要求、检测流程、各授权仪器的使用、维护，组内质量控制内容及要求，结果审核的注意事项及标本保存等。经各相关专业组培训、考核并评估合格后，由技术负责人进行综合评估且合格后给予授权。

3. 离岗六个月或以上人员培训

因进修或病（事）假等原因离岗六个月以上（含六个月）人员重新上岗后，需进行一个月的再培训。一个月的培训内容应包括其所在岗位的仪器使用与维护、结果审核的注意事项等，经各相关专业组培训、考核且评估合格后，由技术负责人进行综合评估且合格后方可继续授权；否则将重新培训、考核、评估，直至合格。

4. 常规培训

常规培训分为科室组织的集中培训及各专业组组织的组内培训。科室组织的集中培训通常是指每两周组织一次的业务学习，一般利用下午或晚上的时间进行。培训内容包括三基内容的培训、新仪器在正式投入使用前的培训、开展的新项目培训、新方法执行前的培训、质量管理体系文件修订后组织的培训、职业暴露培训及演练、消防安全演练等涉及实验室质量与安全管理的方方面面，以及外出进修、学习后的新知识学习等。培训结束后，授课人把课件归到教学秘书处存档。教学秘书会后通过邮件把课件发给未参加培训的人员供他们自学并抽查考核，并打印课件与培训记录表一同归档。各专业组组织的组内培训主要是针对组内人员进行的小范围培训，培训的内容主要是组内标准操作规程的培训、新技术及新设备的培训、提高员工技能的培训等。组内培训更多采取理论与实际操作相结合的方式进行。

5. 外部培训

外部培训指采取"走出去，请进来"的方式进行培训，主要有：医院每年组织的中层干部培训；科室每年选派各专业组技术骨干到国内先进实验室进行中、短期进修；选派科室技术人员参加国家举办的质控会议和厂家举办的各种学术交流会议等；邀请国内外同行专家到实验室进行讲课并进行现场指导；参加各级学会或临床检验中心的学术会议。

外部培训要求：外出学习、培训、进修的人员在外出参加培训学习后，应向实验室负责人汇报学习情况，主动到教学秘书处登记，并将外出学习的资料、获得的学分证交到文本主管处，文本主管将归档资料登记及学分证复印后，将资料存放在实验室的阅览室中，以供科室员工学习。外出参加培训的工作人员返回后，须在科内以多媒体教学的方式为科内其他员工讲授学习内容及体会。

三、安全培训的一般流程

（一）收集培训需求信息

由于实验室人员具有外延性的特点，实验室安全培训针对的人员组成更为复杂，人数更加庞大，相同的知识内容不能满足特定人员的培训需求，且单一的培训模式难以发挥作用。因此，在开始培训前，实验室首先要明确不同人员的培训需求，进一步掌握受训人员在岗位职责、知识储备、意识经验方面的差距。为保证有关培训需求的信息更加全面和具体，我们应从不同途径获取人员需求信息。依据岗位职责对受访人员进行划分，能够使我们在开展工作时更有针对性。此外，培训需求信息的收集还要借助对历史数据与检查结果的分析，多种方式互为补充，这样可以更加客观地安排培训事宜，更有针对性地开展不同内容的培训工作。

（二）更新培训内容

实验室安全培训的内容关乎培训的实际效果，因此非常有必要及时更新。在以往的安全培训中，培训内容常以避免火灾、爆炸、有毒物质泄漏等事故为主，而与生物安全有关的培训内容涉及甚少。因此，这部分内容需要重点补充。而培训内容更新应更多地集中在理论培训阶段，由培训者发起，通过查阅文献资料、国家政策文件等，增加培训内容的广度和深度。另外，对于突发热点事故，应及时加入培训课程。

（三）制定适应性策略

通过了解培训单位具体需求，设置合理的预期计划，以确保培训方案中核心思想传递的有效性和准确性。适应性策略的制定可设置不同的培训环境，如实验室环境、野外、教室等；培训手段也可以多样化，如视频播放、模型展示、现场实践、突发事件模拟等。这些培训环境和手段不仅为受训人员提供了真实的情景，还将实际操作融入学习过程。此举一来可以强化受训人员对培训内容的理解，二来可确保受训人员获得实践学习的机会。总之，适应性策略的制定能够充分调动学员积极性，并可当场对培训效果进行有效的评估。

（四）开展科学评估

安全培训的必要性已被绝大多数参与者认可，但由于其重理论轻实践的特点，仅有少数受训者能够完成理论到实践的转化，超过70%的人员并不重视培训的实际效果。合理的培训体系应当具有完善的科学流程、良好的评估反馈机制，进而满足一般适用性与持久可靠性的要求。此外，良好的培训结果评估反馈应是多元化的，应包括以下三个层次的检验：第一层次为检验受训人员对培训所授的安全基础知识是否掌握，这能够较快地统计出受训人员对基础知识的掌握程度，但是仅凭这一点无法实现培训结果评估的可靠性；第二层次则是对受训后受训人员的行为进行考核，通过走访、交流、观察等多种方式，了解评估培训要点是否已应用于受训人的日常工作和日常操作；第三层次体现在实验室组织层面，这是由受训人员安全意识的建立带来的一种大规模的整体变化，可体现为实验室规则的更加完善、事故发生率的明显降低等。如果第一轮评估结束后，分析结果显示未达到预期目标，则有必要确定具体原因，修整和改进未来的培训方案。通过这种评估方法可有效完善培训结果的评估机制，获得参与者的广泛认可，能够明显促进实验室安全建设。

四、安全培训的具体流程与方法

（一）制定安全手册

为了使培训工作规范化，制定有据可依的流程，首先必须制定安全手册。除了规章制度，一些相关的行为准则及操作指引也应囊括其中。另外，一些应急预案措施以及紧急联系方式是培训时需要告知实验人员的重要提醒，所以也需要纳入安全手册。

为了增加安全手册的可读性，在编排以上内容时应进行一定的逻辑性归类和排序，适当引入一些插图作为行为指引的有效补充。

完成安全手册后，要定时或不定时地对其进行更新与完善，以保证其适用性和完善性。

（二）利用安全手册进行安全培训

有了培训可以依赖的安全手册后，应该考虑如何利用安全手册进行培训，而不是让其成为空置品。因为收录了大量规章制度和行为指引的安全手册，其信息量必定庞大，如果只是单纯让实验人员自行阅读，必然会因为个人的惰性造成自学不足的现象。因此，除了让实验人员自行阅读一遍，使其对手册内容有初始印象，相关安全管理负责人还应带领实验人员，通过面授的方式进行安全培训。对一些涉及实操的内容，应在对应的实验场景进行适当的示范操作指引，并口头再三提醒关键注意事项。在完成示范操作后，还应给所有实验人员至少一次亲自操作实践的机会，并要求其能复述重点内容。

（三）制定安全考核

为了验证已被培训的人员已知晓安全管理的规章制度以及行为准则，或者已形成应有的安全意识，应该同时对该人员进行考核。考核的形式可以是测试题，测试题的设计不能缺少主观题，也可以是口试，或者笔试及口试同时进行。只有能够复述培训内容，已树立相关安全意识的人员，才能通过考核。

（四）设定门禁准入制度

为了达到让新进入实验室的人员必须进行安全培训的目的，设定门禁准入制度是最好的办法。只有完成安全培训流程的新进人员，才可以获得在实验室内进行实验活动的许可。有条件的实验室可在实验室的大门设置许可装置，只有通过培训并获得许可的人员才能获得进入实验室的权限或者密钥。条件不允许的实验室可以通过发放胸卡或其他识别标记，以区别于没有许可的新入人员或者外来人员。没有经过培训，或者经过培训后未达到许可条件的新进人员，都应被禁止进入实验室从事实验操作。

（五）定期巩固培训内容

对于日常能经常接触的实验行为，比如仪器操作、三废处理、试剂存放等这些流程所涉及的安全操作，人对培训内容的掌握能在日复一日的重复中得以巩固，但有些应急行为却会因为在培训时没有机会动手实践，更因为没有意外发生而被遗忘，比如对火灾的应对行为及灭火筒的使用。因此，可以以半年或者一年为期限，定期组织实验室成员以播放录像的形式进行温习和巩固，可以统一进行，也可以以课题组为单位进行。

另外，现代通信方式发达，比如有的微信公众号会发布一些与实验室安全相关的信息，或者能第一时间传达关于国内实验室意外的新闻。实验室利用这些通信方式可以组建群组，并发布此类信息通达所有成员，达到重复提醒以及警醒的目的。

第三节 实验室安全文化建设

实验室安全文化建设是一个全面而深入的过程,它涉及提高实验室人员的安全意识、建立安全行为规范、营造安全环境等多个方面。以下是实验室安全文化建设的一些关键组成部分。

一、安全意识教育

安全意识教育是实验室安全文化建设的核心,它关乎每一位实验室人员的生命健康和整个实验室的安全运行。这种教育不是一次性的培训课程,而是一个持续不断、渐入人心的过程,它要求实验室人员从内心深处认识到安全操作的重要性和必要性,从而在实际工作中自觉遵守安全规范,采取正确的安全措施。

首先,安全意识教育的起点是对实验室人员进行全面的安全知识普及。这包括对实验室可能面临的各种风险的介绍,如化学试剂的危害、生物样本的感染风险、辐射和电气安全等。通过讲座、研讨会、在线课程等形式,确保实验室人员对这些风险有清晰的认识,并了解相应的防护措施。教育过程中应当使用生动的案例分析,让实验室人员能够直观地感受到安全事故的严重后果,从而提高他们的警觉性和预防意识。

其次,安全意识教育需要与实际操作紧密结合。理论知识的传授是基础,但只有将知识转化为工作人员的实际操作技能,才能真正提高实验室的安全水平。因此,实验室人员需要通过模拟演练、实践操作等方式,熟悉各种安全设备和应急处理流程。例如,进行火灾逃生、化学品泄漏应急处理等演练,使实验室人员在面对真实情况时能够迅速、正确地做出反应。

再次,安全意识教育应当注重培养实验室人员的责任感和主动性。每位实验室人员都应当意识到,自己既是安全规范的遵守者,又是安全文化的传播者和实践者。建立安全责任制度,明确每个人的安全职责,鼓励实验室人员在日常工作中主动发现和报告安全隐患,积极参与安全管理和改进工作。

从次,安全意识教育应当关注实验室人员的心理状态和行为习惯。安全管理不仅仅是技术和操作层面的问题,更与人员的心理因素密切相关。因此,教育过程中应当关注实验室人员的心理健康状况,提供必要的心理支持和辅导,帮助他们建立积极的工作态度和良好的行为习惯。

最后，安全意识教育是一个动态的过程，需要随着实验室环境的变化和新技术的应用不断更新和完善。实验室管理层应当定期评估安全教育的效果，根据实际情况调整教育内容和方法，确保安全意识教育始终与实验室安全管理的实际需求相符合。

通过这样全面、深入、持续的安全意识教育，实验室人员的安全意识将得到显著提高，安全操作将变得更加自觉和规范，实验室的安全文化也将逐渐形成并深入人心。这种文化的力量将极大地促进实验室安全管理水平的提升，为实验室的稳定运行和科研工作的顺利开展提供坚实的保障。

二、安全知识培训

安全知识培训是实验室安全管理的重要组成部分，它要求实验室人员不仅要了解实验室中可能遇到的各种安全风险，还要掌握相应的预防和应对措施。这种培训是一个系统性、周期性的过程，旨在通过不断的培训和实践，提高实验室人员的安全素养和应急处理能力。

在化学品安全方面，培训内容通常包括化学品的分类、标识、存储和使用规范。实验室人员需要了解不同化学品的物理和化学特性，以及它们对人体和环境可能造成的危害。此外，培训还应涵盖化学品的安全管理措施，如使用个人防护装备、遵守实验室操作规程、正确处理化学品废弃物等。通过这些培训，实验室人员能够在使用化学品时采取适当的预防措施，减少化学品泄漏、火灾等安全事故的发生。

在生物安全方面，培训的重点在于防止生物危害物质对人员和环境造成危害。这包括了解生物样本的分类、生物安全柜的使用、实验室消毒和灭菌方法等。实验室人员需要掌握如何安全地处理生物样本，避免交叉污染和生物危害物质的意外暴露。此外，培训还应教授生物安全事故的应急处理流程，确保实验室人员在发生生物安全事件时能够迅速、有效地采取措施，控制事故的影响范围。

辐射安全是另一个重要的培训领域，特别是对于那些使用放射性物质或设备的实验室。培训内容应包括辐射的基本知识、辐射防护原则、放射性物质的安全使用和存储等。实验室人员需要了解不同类型的辐射源，以及它们对人体可能造成的伤害。通过培训，实验室人员能够正确使用辐射防护设备，遵守辐射安全操作规程，减少辐射对健康的影响。

电气安全培训则关注防止电气事故的发生。这包括了解电气设备的安全使用、电线和插座的正确布置、电气火灾的预防和应对等。实验室人员需要掌握如何安全地使用电气设备，避免过载、短路等电气故障。此外，培训还应教授电气事故的应急处理方法,如使用灭火器扑灭电气火灾、正确进行心肺复苏等。

除了上述几个方面,安全知识培训还应包括实验室设备的使用和维护、实验室事故的报告和记录、安全信息的获取和更新等。培训应当采用多种方式进行,如理论讲解、实际操作演示、案例分析、角色扮演等,以提高培训的实效性和吸引力。

为了确保培训效果,实验室管理层应当定期对培训内容进行评估和更新,确保培训内容与实验室安全管理的实际需求相符合。同时,实验室人员也应当定期参加培训,不断巩固和提高自己的安全知识和技能。

通过这样的安全知识培训,实验室人员将能够更好地识别和管理实验室中的安全风险,采取有效的预防和应对措施,从而提高实验室的整体安全水平。这种培训不仅有助于减少实验室事故的发生,还可以为实验室人员的生命健康和科研工作的顺利进行提供重要保障。

三、安全行为规范

在实验室安全管理中,安全行为规范的制定和执行是确保实验室安全运行的关键。这些规范不仅包括了具体的操作步骤,还涵盖了一系列的行为准则,旨在引导实验室人员在日常工作中形成安全意识,遵守安全规则,从而最大限度地减少事故发生的风险。

安全行为规范的制定需要基于对实验室潜在风险的全面评估。这意味着,规范的制定者需要深入了解实验室的工作环境、使用的材料、操作的设备以及可能发生的紧急情况。通过对这些因素的深入分析,可以识别潜在的危险,并据此制定相应的预防措施和应对策略。

在制定规范时,制定者必须考虑实验室人员的不同角色和责任。例如,实验室负责人需要对整个实验室的安全负责,而普通研究人员则需要遵守特定的操作规程。因此,安全行为规范应当明确每个角色的安全职责,并提供具体的指导,以帮助实验室人员理解他们在安全管理体系中的位置和作用。

安全行为规范的内容包括但不限于以下几个方面。一是个人防护装备的使用:实验室人员必须根据实验的性质选择合适的个人防护装备,如实验服、安全眼镜、手套、口罩等,并确保正确佩戴。二是化学品管理:化学品的安全存储、使用和处置是实验室安全管理的重要组成部分,规范应详细说明化学品的分类、标签、存储条件以及使用时的注意事项。三是生物安全:对于涉及生物材料的实验,规范应包括生物样本的处理、生物安全柜的使用、废弃物的消毒和处置等。四是辐射安全:对于使用放射性物质或设备的实验室,规范应涵盖辐射防护的原则、设备的使用和维护以及辐射事故的应急响应。五是电气安全:规范应指导实验室人员如何安全使用电气设备,包括设备的检查、维护和故障处理。六是设备操作：对于实验室中的各种设备，规范应提供详细的操作步骤和维护指南，确保设备的安全运行。七是紧急情况应对：规范应包括火灾、化学品泄漏、生物安全事故等紧急情况的应对流程和疏散路线。八是清洁与维护：实验室的清洁和维护对于预防事故同样重要，规范应指导实验室人员如何进行日常清洁和设备的定期检查。

安全行为规范的执行需要实验室管理层的积极推动和监督。管理层应定期组织培训和演练，确保所有实验室人员都能够理解和遵守这些规范。此外，管理层还应建立一个反馈机制，鼓励实验室人员提出改进建议，不断完善规范内容。为了提高规范的执行力，实验室可以通过张贴标识、发放手册、在线测试等方式，不断强化实验室人员对规范的认识。同时，实验室还应建立奖惩机制，对遵守规范的行为给予奖励，对违反规范的行为进行处罚。

总之，安全行为规范的制定和执行是一个系统工程，需要实验室管理层和所有实验室人员的共同努力。通过明确规范、加强培训、严格监督和持续改进，逐步建立起一个安全、有序的实验室工作环境，为实验室人员的生命健康和科研工作的顺利进行提供坚实的保障。

四、安全环境建设

安全环境建设是实验室安全管理中至关重要的一环，它涉及实验室物理环境的各个方面，旨在为实验室人员提供一个安全、健康、高效的工作环境。良好的安全环境不仅能够减少事故发生的风险，还能提高实验室人员的工作满意度和效率。

通风系统是实验室安全环境中不可或缺的一部分。实验室中经常使用各种化学品和生物材料，这些物质可能会产生有害气体、粉尘或蒸汽。有效的通风系统能够及时排出这些有害物质，保持室内空气的清洁和新鲜。需要注意的是，在处理实验室有害物质时，应遵守相关法律法规要求，使其符合相关处理标准。实验室应根据实验的性质和规模，设计合适的局部排风或全室通风方案，并定期检查和维护通风设备，确保其正常运行。

照明是另一个重要的安全环境因素。良好的照明能够减少实验室人员的视觉疲劳，提高实验操作的准确性和安全性。实验室应采用合适的照明设备，如无影灯、LED 灯等，并根据实验区域的功能和需求设置足够的照明强度。此外，实验室还应考虑自然光的利用，通过合理的窗户设计和布局，引入更多的自然光线。

实验室的布局和空间规划同样重要。合理的布局能够提高实验室的使用效率，减少人员和物品的流动冲突，降低安全风险。实验室应根据实验的性质和流程，合理划分不同的功能区域，如实验操作区、化学试剂储存区、生物样本处理区等。同时，实验室还应保证足够的通道宽度和安全出口数量，确保在紧急情况下人员能够快速疏散。

清洁和维护是实验室安全环境建设的基础。实验室应制定严格的清洁和维护计划，定期对实验室的地面、台面、设备等进行清洁和消毒。此外，实验室还应建立废弃物的分类收集和定期处理制度，避免废弃物的堆积和不当处理带来的安全隐患。

安全设施和设备的配备也是安全环境建设的重要组成部分。实验室应根据实验的性质和风险配备必要的安全设施，如消防器材、紧急洗眼站、安全淋浴、化学品泄漏处理工具等。这些设施应放置在易于获取的位置，并定期进行检查和维护，确保其随时可用。

长时间的实验操作可能会导致实验室人员的身体疲劳和不适。因此，实验室应提供符合人体工程学的实验台、座椅和设备，减少实验室人员的身体负担。同时，实验室还应考虑室内温度、湿度和噪音等因素，为工作人员创造一个舒适的工作环境。

实验室安全环境建设需要实验室人员和管理层的共同努力。实验室人员应积极参与安全环境的维护和改进，遵守实验室的清洁和维护规定，及时报告安全隐患和问题。管理层则应定期对实验室的安全环境进行评估和审查，根据实验室人员的建议和需求，不断优化和升级安全设施和设备。

通过上述措施，实验室可以建立起一个安全、健康、高效的工作环境，为实验室人员提供强有力的安全保障，促进科研工作的顺利进行。安全环境建设是一个持续的过程，需要实验室所有成员的共同参与和不懈努力。只有不断优化和改进安全措施，才能确保实验室的安全环境始终处于最佳状态。

五、安全文化宣传

安全文化宣传是实验室安全管理的重要组成部分，它通过多样化的传播方式和渠道，旨在提高实验室人员对安全重要性的认识，培养他们的安全意识，从而形成一种积极的安全文化氛围。这种文化氛围能够使安全规范内化为实验室人员的行为习惯，使其成为一种自觉遵守的准则。

海报是安全文化宣传中一种直观且有效的工具。在实验室显眼位置张贴海报可以持续地提醒实验室人员注意安全。海报上通常会有安全警示、操作规程、紧急疏散路线等信息，以及一些鼓舞人心的安全口号或标语。海报设计应具有吸引力，使用鲜明的颜色和图形，以便于引起注意并留下深刻印象。

宣传册是另一种常用的宣传材料，它可以包含更详细的安全信息和指导。宣传册可以设计成便于携带和查阅的形式，内容可以包括实验室安全的基本规则、特定实验操作的安全指南、事故应急处理流程等。宣传册的分发可以在新员工入职培训、安全教育活动或定期的实验室检查中进行。

网站作为现代信息传播的重要平台，可以成为安全文化宣传的线上基地。实验室可以通过建立专门的安全文化网页，发布最新的安全政策、安全教育资料、事故案例分析等。网站还可以设置互动环节，如安全知识问答、在线安全培训课程等，以提高实验室人员的参与度和兴趣。

研讨会和工作坊是提高实验室人员安全意识的有效方式。通过定期举办研讨会，可以邀请安全专家、资深研究人员或安全管理者分享安全管理经验、讨论安全问题、交流最佳实践。工作坊则更注重实践操作，如事故应急演练、设备操作培训等，使实验室人员在实际操作中加深对安全规范的理解和掌握。

除了这些传统的宣传方式，还可以利用社交媒体、电子邮件通信、内部新闻通讯等现代通信手段进行安全文化的宣传。例如，通过实验室的社交媒体账号发布安全提示、安全知识小贴士等；通过电子邮件定期发送安全管理规定更新、事故案例分析等；在内部新闻通讯中刊登安全管理的进展和成就。

安全文化宣传应注重创新性和多样性，以适应不同实验室人员的需求和兴趣。例如，可以举办安全主题的海报设计比赛、安全知识竞赛、安全文化征文活动等，鼓励实验室人员积极参与安全文化建设。

此外，安全文化宣传应与实验室的实际情况相结合，针对实验室的特点和需求，制定具有针对性的宣传策略。例如，在化学实验室中，可以重点宣传化学品的安全使用和管理；在生物实验室中，可以强调生物样本的安全处理和个人防护。

安全文化宣传的成功不仅取决于宣传材料的质量和多样性，还取决于实验室管理层的支持和推动。管理层应认识到安全文化宣传的重要性，提供必要的资源和支持，确保宣传活动的顺利进行。

总之，安全文化宣传是一个多维度、多渠道、持续不断的过程。通过海报、宣传册、网站、研讨会等多种形式的宣传，可以有效地提高实验室人员的安全意识，增强他们的安全文化认同感，从而建立一种积极、健康、高效的实验室安全文化。这种文化将成为实验室安全管理的坚实基础，为实验室的稳定运行和科研工作的顺利进行提供有力保障。

六、安全激励机制

安全激励机制是实验室安全管理中一项至关重要的策略，它通过奖励和表彰等形式激发实验室人员对安全文化建设的积极性，从而促进整个实验室安全管理水平的提升。这种机制的核心在于认可和鼓励那些在安全方面做出积极贡献的个人或团队，让他们成为安全文化的榜样和推动者。

安全激励机制需要明确奖励的标准和条件。这些标准应当与实验室的安全目标和行为规范紧密相连，如遵守安全操作规程、积极参与安全培训、主动报告安全隐患、提出提升安全水平的建议等。通过明确这些标准，实验室人员可以清晰地了解如何才能获得奖励和表彰。

激励机制应当具有多样性和包容性，以适应不同人员的需求和期望。奖励可以是物质的，如奖金、礼品卡、安全装备等；也可以是精神的，如荣誉证书、公开表扬、荣誉称号等。此外，还可以通过提供更多的职业发展机会、学习培训机会等方式进行激励。

为了确保激励机制的有效性，实验室管理层应当定期评估和调整奖励标准和方式。这种评估可以通过问卷调查、员工访谈、安全会议等途径进行，以收集实验室人员对激励机制的反馈和建议。通过这种持续的评估和调整，可以确保激励机制始终与实验室人员的需求和期望保持一致。

安全激励机制的实施需要一个公平、透明的流程。从提名、评选到奖励的发放，整个过程都应当公开透明，确保每位实验室人员了解评选的标准和流程。这种透明度有助于增强实验室人员对激励机制的信任感，从而提高他们参与安全文化建设的积极性。

激励机制应当与安全教育和培训相结合。通过安全教育和培训，实验室人员可以了解到安全的重要性和正确的安全行为，而激励机制则可以鼓励他们将这些知识和行为应用到实际工作中。这种结合有助于形成一个正向的循环，即通过教育增强意识，通过激励促进行为改变。

安全激励机制可以与安全文化宣传相结合，通过宣传那些获得奖励和表彰的个人或团队的事迹，来激励更多的实验室人员关注和参与安全文化建设。这种宣传可以通过内部通讯、公告板、网站等渠道进行，以提高宣传的覆盖面和影响力。

安全激励机制的成功实施需要实验室管理层的坚定承诺和持续支持。管理层需要认识到激励机制在推动安全文化建设中的重要作用，并为其提供必要的资源和支持。同时，管理层还应当以身作则，积极参与安全文化建设，成为安全行为的榜样。

通过上述措施，安全激励机制可以有效地提高实验室人员参与安全文化建设的积极性，促进安全行为的形成和持续。这种机制不仅有助于减少实验室事故的发生，提高实验室的安全管理水平，还能营造出一种积极、健康、和谐的实验室文化氛围，为实验室的长期发展和科研工作的顺利进行提供坚实的基础。

七、安全沟通渠道

安全沟通渠道的建立是实验室安全管理中不可或缺的一环，它确保了实验室人员能够在遇到安全问题或有改进建议时，能够及时、有效地将信息传达给管理层和相关部门。这种沟通渠道的建立和维护，不仅有助于快速响应和解决安全问题，还能促进实验室安全管理的持续改进和提升。

安全沟通渠道的建立需要从实验室人员的实际需求出发，确保渠道的可达性和便利性。这意味着沟通渠道应当易于使用，无论是通过电子邮件、内部通信系统、意见箱还是面对面的会议，实验室人员都能方便地表达自己的关切和建议。

沟通渠道的建立应当鼓励开放和诚实的反馈文化。实验室管理层应当明确表示对所有安全问题的重视，并对提出问题的个人给予保护，确保他们不会因为提出安全问题而受到任何形式的报复或不利影响。这种文化可以通过定期的宣传和教育来培育，使实验室人员感到在安全问题上发声是被鼓励和支持的。

安全沟通渠道的有效性取决于信息的及时处理和反馈。当实验室人员提出安全问题或建议时，管理层应当迅速响应，对问题进行调查和评估，并给予适当的反馈。这种反馈不仅包括问题的处理结果，还应包括对提出问题者的感谢和认可，以示对其贡献的重视。

为了提高沟通的效率，实验室可以建立一套标准化的流程来处理安全问题和建议。这个流程可以包括问题的收集、分类、分配、处理和反馈等环节。通过这种流程化管理，可以确保每个问题都能得到及时和专业的处理，同时也便于管理层对安全问题的趋势和模式进行分析，从而采取更有针对性的预防措施。

安全沟通渠道的建立应当考虑信息的透明度和共享性。实验室可以通过内部网站、公告板、会议等方式，定期公布安全管理的进展、安全问题的处理情况以及改进措施的实施效果。这种透明度有助于增强实验室人员对安全管理工作的信任感，并激发他们参与安全管理改进的积极性。

安全沟通渠道的建立应当注重多元化和包容性。不同的实验室人员可能有不同的沟通偏好和需求，因此，实验室应当提供多种沟通方式，以满足不同人员的需求。同时，实验室还应当考虑不同文化背景、性别、年龄等因素，确保所有人员能够在安全问题上发声。

最后，安全沟通渠道的建立和维护需要管理层的持续关注和投入。管理层应当定期评估沟通渠道的有效性，收集实验室人员的反馈，不断优化和改进沟通流程。同时，管理层还应当为沟通渠道的建立和运行提供必要的资源和支持，包括人力、技术和财务资源。

通过上述措施，安全沟通渠道将成为实验室安全管理中的重要支柱，它不仅能够及时解决安全问题，还能够促进实验室安全管理的持续改进和提升。这种沟通渠道的建立和维护，有助于营造一个安全、健康、高效的实验室工作环境，为实验室的长期发展和科研工作的顺利进行提供坚实的基础。

八、安全领导力

实验室管理层需要展现出对安全的承诺和领导力，通过自身的行为为实验室人员树立榜样。安全领导力是实验室安全管理成功的关键因素，它要求管理层不仅要在口头上强调安全的重要性，更要通过实际行动展现出对安全的坚定承诺。这种领导力体现在管理层对安全文化的塑造和推广的行为、决策和日常管理实践中，即为实验室人员树立积极的榜样。

安全领导力的展现需要管理层对安全文化的深度理解和认同。管理层应当认识到，安全不仅是实验室运行的基础，更是科研工作顺利进行的保障。因此，他们需要将安全理念融入实验室的战略规划、日常运营和决策过程中，确保安全始终是实验室各项工作的重中之重。

管理层需要通过自身的行为来体现对安全的重视。这包括在日常工作中遵守安全规程、穿戴适当的个人防护装备、积极参与安全培训和演练、及时报告和处理安全隐患等。管理层的这些行为会被实验室人员看在眼里，记在心上，从而潜移默化地影响他们对安全的态度和行为。

安全领导力体现在对安全问题的敏感性和响应速度上。管理层应当建立有效的安全沟通渠道，鼓励实验室人员报告安全问题和提出改进建议。对于这些反馈，管理层应当给予足够的重视，及时进行调查和处理，并与相关人员进行沟通和反馈，展现出对安全问题的零容忍态度。

安全领导力要求管理层在资源分配上对安全给予足够的投入。这包括为安全培训、设备维护、环境改善等方面提供必要的资金和人力支持。管理层应当确保实验室有足够的资源来应对各种安全挑战，不断提升实验室的安全水平。

在安全政策和程序的制定和执行过程中，管理层的领导力同样至关重要。他们需要确保安全政策和程序的科学性、合理性和可操作性，并通过定期的审查和更新，确保这些政策和程序能够适应实验室运行的变化和新的安全挑战。同时，管理层还应当通过监督和考核机制，确保安全政策和程序得到有效执行。

安全领导力体现在对安全绩效的评估和认可上。管理层应当建立安全绩效评估体系，定期对实验室的安全状况进行评估，并根据评估结果进行奖励和表彰。这种认可不仅能激励实验室人员持续关注和提升安全水平，还能在实验室内部形成一种积极向上的安全文化氛围。

安全领导力要求管理层在面对安全挑战时展现出坚定的决心和勇气。在实验室遇到安全事故或危机时，管理层需要迅速采取行动，组织应急响应，减轻事故影响，并从中吸取教训，完善安全管理。这种在危机中的领导力展现，能够增强实验室人员对管理层的信任，提高整个团队的凝聚力和应对能力。

通过上述措施，管理层能够展现出强烈的安全领导力，为实验室人员树立起积极的榜样。这种领导力的展现，不仅能提高实验室的安全水平，还能促进安全文化的深入人心，形成一种全员参与、共同维护的安全氛围。通过这些措施，实验室安全文化建设可以创造一个每个人都重视安全、遵守安全规范、积极参与安全管理的环境，从而减少事故发生的风险，保障实验室人员的健康和安全。

第八章 实验室管理信息化与信息安全管理

第一节 实验室管理信息化概述

一、互联网时代信息化管理的基本特征

（一）全球性

信息时代加速了全球化进程，信息技术改变了传统时空认知，弱化了时间和距离的概念。随着互联网技术的发展，地理条件不再成为制约人与人之间联系的障碍。

（二）个性化

在互联网时代，人们的个性得到彰显和尊重，信息交流无时无刻不存在，人与人的信息交换成为日常的主流活动。

（三）交互性

交互性体现了信息的发送者和接受者之间的双向交流。就传播的基本模式而言，交互作用的本质是：信息来自传者，利用受者的反馈来确认和评价传播的效果；接到信息后，受者可以按照个人理解予以反馈。

（四）综合性

综合性主要体现在信息化的技术层面，通常包括的技术有半导体技术、数据库技术等。此外，综合性还体现在内容层次方面，通常包括的内容有政治、文化等。

（五）竞争性

和工业化相比，信息化的最大特点是，以知识的生产作为核心生产力并创造了大量的财富。在信息化时代，知识的重要性超过了资本，人力资源才是核心竞争力。

（六）渗透性

信息化时代下，经济合作范围越来越广泛，文化渗透程度不断加强，促进了社会不同行业和领域进行相应的变革。信息化成为经济发展的动能。

二、当前实验室管理存在的问题

实验室信息化建设是当务之急，是促成科研系统信息化建设的关键一环，属于现阶段实验室建设的重中之重，对推动实验室发展有着巨大的促进作用。在科学的信息化理念指引下，加之先进的信息手段，可以在根本上提升实验室建设与管理水平，提高实验室实践与创新能力。

信息化建设的过程当中也存在着一些问题。大部分的实验室信息化建设效果不尽如人意，管理过于依靠人力，信息化普及有待加强。除此之外，实验室人员流动大，稳定性亟待加强，面对面式的管理依然是当前实验室管理的主流模式，以下为具体存在的问题。

（一）效率低下，出错率高

通过传统的方式进行信息处理，耗费的时间久且效率低下。与此同时，处理信息时出现错误的概率比较大，导致工作量增加。

（二）执行偏差大，动态跟踪难

因为监管环节设置得比较多，导致传达效率低下，经常性的调整又会引发执行的偏差。在此情况下，对整个过程展开的动态跟踪将无法实施。

（三）检测结果难以保存与利用

检测过程难以溯源、追踪，与此同时，检测结果难以保存，从而影响对其分析利用。

（四）审核控制弱，流程控制差

工作流程比较复杂，无法达到实时控制。

（五）报告编制困难，管理效率低下

就传统的实验室而言，其大部分分析测试报告属于无意义的重复性劳动，且报告出具时间晚。此外，信息储存、提取工作占用了人员大量的时间和精力，实验室的管理者对员工业务情况以及实验室运转情况等很难有准确的宏观把握。实

验室信息化水平不高主要表现在管理体制机制落后、数据共享内容单薄、实验室开放度不够等方面。这些问题对实验室科研水平的提高产生了很大的阻力。

三、实验室信息化建设的意义与基本内容

建设实验室信息管理平台需要以传统实验室管理为基础，同时秉持现代实验室管理理念，购买并配备好必需的计算机等硬件设备，利用网络通信、数据库等技术进行具体的建设，最终把实体实验室拥有的全部实验资源予以数字化，形成高效且开放的实验室管理平台。建设实验室信息管理平台能够提高实验室现有资源的利用率，还能够为实验教学提供支撑。

现阶段，大部分实验室的网络信息管理平台有着多方面的作用，除了可以进行实验室管理，还能够为当前的开放式实验教学提供平台。一般而言，独立的实验室信息管理平台的构成部分包括实验数据管理系统、实验教学系统、实验设备管理系统等。这些部分的有机组合可以满足实验教学、管理等现实需求。实验室信息化建设不可能在短期内完成，属于琐碎、复杂的项目。但信息技术发展速度迅猛，实验室信息化建设刻不容缓。因此，要重视实验室信息化建设，这关系到实验室的生存、地位与未来发展。

基于信息化现状，实验室信息化建设应该以这些内容为主：基于信息化环境，采取实验室管理新思路；对开放式实验室信息化建设的内涵与外延进行严格的界定；建设实验室信息化平台进行资源共享；分析和研究开放式实验教学网络整体解决方案；实现实验室网络智能化，以及其在实验教学方面的推广应用；基于信息化环境，研究当前实验室信息安全隐患及其防护机制。

随着信息技术和信息体系的发展，各行各业的发展都离不开信息技术的应用，由此，在实验室安全管理方面应用信息技术也属于时代潮流。

对于实验室安全管理而言，通过合理开发数据库管理系统，并在此基础上建立各种数据库，可以更好地实现对实验室相关信息的管理利用。而随着信息化技术的广泛应用，安全工作深入人心，安全意识的增强和安全管理体制的优化，使实验室中各种危害因素可以得到有效控制，安全隐患逐渐减少，实验室的安全管理更加规范、科学。

四、信息安全管理的原则、目标和实现方法

（一）信息安全管理的原则

第一，网络信息的各个环节都要足够安全。
第二，积极进行防范，并结合一定的安全防控措施。

第三，适度的安全方针，有限保护与适度投入。
第四，便于操作，尽量使操作一致化和标准化。
第五，结合管理和技术两个方面，实行谁主管谁就负责的原则。
第六，重点保护客户的核心信息。
第七，集中管理，分散管控，相辅相成。

（二）信息安全管理的主要目标

实验室信息安全管理的主要目标是确保实验室里的关键资源与信息以及操作系统等没有被不法分子篡改、泄露以及进入等。实验室信息安全的问题存在于信息使用的各个环节，我们应当更加注重实验室信息安全系统的建设。具体包括以下几点。

1. 物理环境的安全

只有确保实验室计算机系统全部设备设施的物理安全，才可以保证实验室整体的安全。其包含电力供应安全、机房安全以及物理设备安全等。实现的方法一般包括网络分割技术以及物理隔离技术。

2. 操作系统的安全

操作系统的整体安全需要考虑以下三个方面：一是操作系统自身性能，包含系统漏洞、访问控制以及身份认证等；二是操作系统在安全方面的设置方面；三是病毒等一些能够威胁操作系统的东西。

3. 链路层的安全

链路层的安全须确保利用网络链路传输的所有数据没有被不法分子获取。通常用到的方法包括加密通信以及划分局域网等。

4. 网络层的安全

网络层的安全表现在路由系统安全、域名系统安全以及数据传送安全等。

5. 应用层的安全

应用层的安全大部分取决于数据与应用软件的安全，包含实验数据、通信内容以及实验软件等方面的安全。

6. 管理的安全

管理的安全包含安全管理制度、安全设备与技术的安全管理等方面。网络的安全不能只依靠领先的科技，还需要依靠严格的单位管理制度以及法律，它们之间相辅相成，共同维护实验室信息的安全。

（三）实验室信息安全的系统实现

1. 物理安全管理

因为计算机网络设施很容易被水灾、地震等自然灾害破坏，因此必须保护计算机网络设施的安全。

2. 信息安全管理

信息在传输、交换和存储过程中很容易被窃取、更改,因此对于机密信息一定要依据网络技术、计算机和密码技术制定一套保护技术。一般采取以下两种办法:一种是根据数据的重要性将其区分开并进行备份,如果觉得双硬盘备份不安全,还可以采取双机热备份,从而保证灾难之后数据可以完全恢复;另一种是使用加密软件,当前的加密软件都有网络认证功能,将加密方式设定好之后将其存储到网络服务器中,那么该软件每次运行的时候都需要用户的认证信息,而且实验室里的计算机只有用实验室的网络才能运行,一旦将计算机搬离实验室,该软件就自动停止工作了。这样就强制、自动地对文件进行了加密,文件就只能在实验室内部流动。

3. 网络系统安全管理

网络系统安全不仅包括网络运行系统安全,还包括网络系统信息安全和网络信息传播安全。目的是保护网络系统中存储的数据不被他人窃取、更改、破坏,让网络得以连续、可靠、顺利运行。在网络系统安全中,内网的安全是非常关键的,一般通过权限管理来保证内网安全,也就是说,将系统按照级别划分,不同级别的系统有不同的级别的权限。除此之外,要保证实验室的安全,就要保证实验室网络的安全,通常利用物理隔离技术或二层逻辑隔离技术将内网和外网之间的通信隔离开来。

4. 计算机病毒防范

计算机容易受到病毒攻击,有些时候计算机被某种恶性病毒攻击后就无法正常运行。因此,必须提高工作人员的计算机病毒防范意识,做好数据备份工作,并且制定自动抵制并消灭计算机病毒的安全措施。一般在网关、服务器、PC 端等都设置病毒防范措施,从而抵制病毒的入侵。

5. 人员教育与管理

实验室的安全管理最终由实验室全体人员来实现,因此要提高实验室全体人员的安全意识,并且明确每个人的职责,由多个人共同管理,从而实现实验室安全管理。

(四)实验室信息安全的日常管理措施

导致各种网络信息安全事件出现的原因有很多,如技术原因、管理原因、安全体系的问题等。实验室信息安全的管理通常采取以下几种措施。

1. 安装防火墙

防火墙是一种高性价比的网络安全保障技术,有边界式防火墙、主机防火墙、分布式防火墙、智能动态防火墙等。防火墙可以过滤掉有危险的服务,能够提高网络安全,降低主机风险。防火墙允许外部选择性地访问某些特定的电子邮件服务器和网络服务器,从而控制其对系统的访问。防火墙可以用于维护整个内部网络系统,可以用其集中管理实验室的内部网。总体来说,防火墙具有抵御网络安全风险、集中管理、保护数据、维护网络安全的功能。

2. 防毒防黑并重

杀毒程序必须设置为实时启动，并不断更新和升级病毒库。定期备份重要数据、硬盘分区表、系统注册表和初始化系统文件。做好备份工作不仅可以应对计算机病毒的侵袭，还可以减轻黑客攻击造成的危害。杀毒应该是系统主动的，能够实现全方位、多层次的保护。由于病毒在网络中储存和传播的方式不同，因此，网络防病毒系统，必须拥有防范各种病毒的产品，必须有集中控制、预防和消灭各种病毒的程序。换句话说，就是对网络中存在的各种病毒设置相应的杀毒软件，并且建立一套全面的杀毒体系，让病毒无法侵入网络。

3. 定期扫描并修复漏洞

网络系统如果存在安全漏洞，就很容易被黑客攻击。当前的网络系统并不是十全十美的，在软件、硬件、系统安全策略等方面都存在一定的安全问题。安全扫描可以在一定程度上提高网络系统的安全性。通常用漏洞扫描系统来自动检测主机是否存在安全漏洞，主要用来扫描操作系统、网络、数据库，看它们是否存在安全漏洞。定期地进行网络系统扫描有助于及时发现问题并采取有效措施解决问题。

4. 防范内部非法活动

网络安全身份认证不仅可以决定用户访问的网络范围，还可以决定用户访问的资源内容，甚至还可以决定用户如何使用这些资源。目前，有两种流量监测技术，一种是基于简单网络管理协议的流量监测技术，另一种是基于网络监测功能的流量监测技术。处理异常流量一般采用切断异常流量产生源的方法，或者在路由器上进行流量限定的方法。

5. 防范邮件炸弹

有些实验室专门用于远程教学，那么就须要求服务器只能接收特定的邮件，这些邮件是根据特定的用户名、地域名或者邮件内容而命名的邮件，以防其他邮件的攻击，并且还应该严格限定邮件自动转发、群发等功能，以防被黑客滥用。应该及时跟踪邮件的上传程序、邮件的发送进程，并且给予安全保护。

6. 运用入侵检测系统

由于防火墙不具备入侵检测功能，这就导致入侵者在入侵防火墙之后不能被及时发现，所以网络安全仅依靠防火墙是不够的。入侵检测系统是在最近几年才被研发出来的一种新型维护网络安全的技术。入侵检测系统可以及时检测并处理网络攻击，这样可以大大减少黑客攻击的时间。从某种程度上说，入侵检测系统其实是防火墙的补充，两者结合使用有利于增加系统抵抗其他网络攻击的能力，有助于提高系统管理人员对系统的安全管理水平。

7. 使用安全扫描技术

安全扫描技术起初是用来抵制黑客入侵网络的技术，最后技术人员发明了安全扫描工具。商业上通常用安全扫描技术以及配套的安全扫描工具发现安全漏洞。实验室通常用网络安全扫描技术、入侵监测系统与防火墙一起来保证网络系统的安全。网络自动扫描可以及时帮助管理人员发现安全问题，有助于降低网络风险。

8. 网络管理和审核

有些网络系统加入了网络监控和安全维护工具类的计算机网络资源，这些资源不会影响网络系统的正常运行，也不会改变网络系统的内核。一般用来采集系统运行中产生的数据、提示系统故障，实现对系统的审核以及进行适当的调整等。

9. 关闭不必要的端口

网络系统中有很多端口是默认开放的，并且在实际的实验室教学、科研系统中很少用到它们。网络系统中开放的端口越多，存在的漏洞就越多，网络管理人员应该关闭不必要的端口，这样不仅可以降低安全风险，还可以提高系统运行效率。

10. 健全管理制度

严格的管理才能保障系统的安全，因此必须建立完善的安全管理制度，配备专业的系统管理人员并加强他们的安全保密意识。此外，还要提高网络信息防范技术。只有做好这些工作，才能保证系统的安全。

第二节 实验室信息管理系统的建设

一、实验室信息管理系统概念与作用

实验室信息管理系统是一个多功能的信息管理平台，包括实验室人力资源管理、质量管理、仪器设备管理、试剂与标准品管理、环境管理、安全管理、信息管理等，亦涉及对实验室设置模式、管理体制、管理职能、建设与规划等方面的管理内容。总的来说，它涉及实验室有关的人、事、物、信息、经费等全方位管理。

实验室信息管理系统属于信息化管理工具，有机融合了实验室管理需要和以数据库为中心的信息技术。该系统的建立基于实验室规范化管理理论，同时引入信息技术这一有效动力，强化对样品检测程序的管控，及时掌握实验室分析检测工作的实时进度，跟踪了解工作进展，保证各个流程严格按照规范标准开展。引进统计过程控制技术，开展质量数据的分析汇总，全面管控对质量造成影响的相关核心要素。根据规范标准对实验室的各项流程进行规范化建设，全面提高实验室管控能力，优化客户服务质量，进而全面创建一个安全性强、效率极高的信息管理系统。该系统当前正在不断进行改进和提升，以满足各类实验室日益增长的新需要。

实验室信息管理系统的具体作用包括以下五个方面。

（一）有效提升样品检测效率

检测人员能够通过实验室信息管理系统随时开展信息查询。将分析结果录入系统，系统会自动生成一整套相关的分析报告。

（二）有效提升分析结果的可靠度

实验室信息管理系统具备数据自动上传、测算及自查报错等性能，能够有效减少错误发生，有效规避人为影响，确保分析结果的可靠性。

（三）有效提升分析、解决复杂问题的水平

实验室信息管理系统全面整合实验室的相关资源，确保相关人员可以便捷地开展有关历史信息、检测样品及检测结果等数据的查询工作，进而获取完整度较高、价值较高的相关信息，全面提升分析、解决复杂问题的水平。

（四）有效利用该平台统筹协调实验室各类资源

在实验室信息管理系统的支持下，管理层相关人员不但能够及时掌握各类设施及相关人员的工作情况，而且能够全面了解各种岗位所需检测的样品数目，对实验室各个部门的剩余资源进行实时调整，成功化解分析进程遇到的相关阻碍，缩减样品检测所需时间，避免资源的不必要浪费。

（五）实现全面量化管理

根据管理需要，实验室信息管理系统可以随时提供实验室的统计分析结果等各种信息，如设备利用率、维修率，实验室全年任务时间分布情况，不同岗位工人工作量、出错率，试剂或资金消耗规律，测试项目分布特点等信息，实现对实验工作的全面量化管理。根据上述任务，实验室信息管理系统能够全面实现实验室网络的建立健全，有效连接实验室的各个专业部门，创建以实验室为核心的分布式管控系统，按照科学、合理的实验室管理原理，并结合计算机信息库技术，建立健全质量保障机制，切实落实核校信息无纸化、科学合理检测、人员量化考评以及资源成本管控等。当前，国际上已经推出了十余类相关专业软件，同时在实验室管理中发挥相应作用。

二、实验室信息管理系统功能

实验室信息管理系统属于一类融合了质控、分析和全面管理的规范化、一体化信息系统。该系统将实验室的全部管理要素进行有机整合，涵盖了质量服务、文档、数据、设备、人员、用户、指标以及试剂等各个层面，完成了由样本采集至结论分析的生产全过程的实时监控，能够随时掌握实验室检测工作的开展情况，对异常现象进行及时处置，对各项工作程序的标准化以及各项检测工作的规范化展开验证。此系统不但实现了紧紧围绕样品、全力提升用户服务、搞好科研相关工作的开放式管理目标，而且圆满完成了实验室对整体过程的质量把控及质检机构的信息采集、管理等任务，同时保证了检测数据的精准度及可靠度，有效提升了设备的利用率并完成相关管控，大大减少了实验成本支出，优化、健全了实验室质量管控机制。

该系统可以实现的功能包括以下几点。

（一）检测业务流程管理

检测业务流程管理包括任务登记、任务下达、采样、样品交接、样品分包、留样、安排检测任务、样品领取、数据输入、数据审核、报告编制、报告签发、报告输出与存档等众多环节。此类管理方式具备较高的适用性及灵活度，可以满足各个行业实验室的实际需要。

1. 任务登记

委托客户提出样品委托检测申请，实验室服务部门受理委托申请，形成委托任务书（或协议、或合同），并记录全部委托信息。登记检测样品和项目信息，系统对样品自动进行编号，可同时登记质控样品。登记完样品和项目信息后，系统根据检测单价可自动计算出检测费用。该系统还支持条形码功能，即将样品编码信息转变成条码信息，并打印生成样品标签。

2. 任务下达

按照委托任务的检测内容和要求生成任务单并发送到相关业务部门。之后，系统用声音和动态图标方式自动提醒相关业务部门有新的任务到达。

3. 采样

若客户直接将样品送到实验室，可以省略此过程；需要现场采样的，按照任务单要求安排采样任务，指定工作人员去现场采样。完成现场采样后，工作人员可输入采样信息。

4. 样品交接

样品到达实验室后进行交接，随后样品管理人员负责进行样品交接数据的记载；利用条码扫描器进行样品容器中相关条码信息的读取，自动识别待交接样品。

5. 样品分包

可根据一个检测任务部分或全部检测项目需要进行分包，分包样品及项目不进行内部分配，实验室内部检测人员不能进行数据输入；分包样品完成检测后，分包数据由指定人员输入至实验室信息管理系统，并汇总到最终生成的检测报告中。

6. 留样

完成样品登记后可进行留样，也可在样品检测完成后进行；记录留样信息，如留样地点、留样时长、留样数量等；留样到期后，自动提示用户进行处理。

7. 安排检测任务

完成样品登记后，系统会根据检测样品或项目指定检测人员进行相关任务的分配；可浏览当前检测人员的工作分配情况；系统会通过动态图标和声音的方式提示指定岗位有新样品到来；分配任务时，系统自动显示具备指定项目检测能力的人员清单。

8. 样品领取

检测人员根据检测工组安排表领取样品，样品管理员记录样品领取信息。

9. 数据输入

不同工作角色的人员拥有的数据输入权限不同。登录系统成功时，工作人员会看到当前用户的授权范围内的所有测试样品。工作人员输入质量控制样品测试数据，系统自动判断质量控制状态；原始信息可以上传到系统中，也可以将数据文件作为附件与指定的测试结果关联。

10. 数据审核

进入审核界面，系统自动显示当前登录用户要审核的样本列表，用户可以根据测试项目的原始记录单信息对测试项目进行逐一审核；用户可浏览原始图谱信息及附件内容；用户完成指定环节的审核后，系统动态提示下一级别的审核人员；样品可以拒收，样本被拒绝后可以返回上一个审核环节，也可以直接返回测试岗位。

11. 报告编制

测试数据输入并审核后，系统可以生成测试报告。用户可以设计报表格式，不同类型的样本可以关联不同的报表模板，操作非常简便。报告可以是多页的，系统具有自动分页功能，还标识页码和页数；报告中可插入图片；在编制报告时可浏览与该检测任务相关的全部信息，如委托任务书、检测任务单、样品交接记录单、样品领取记录单、现场采样记录单、检测原始记录单等。

12. 报告签发

在设计报告模板时可设置审核级别。当报告生成后，不同级别的人员完成相应的签核；可将报告发送给指定人员，并自动提示其履行审核工作；报告具有电子签名及电子印章；系统也会记录报告发出的信息。

13. 报告输出与存档

已签发报告保存在实验室信息管理系统中，工作人员可打开浏览或打印；

打印报告时，系统自动关联打印信息，如打印人、打印时间等；报告可转换成PDF格式，并通过电子邮件发送给远端用户；历史报告全部保存在数据库中，授权用户可随时查阅与打印；用户可根据客户名称、任务名称与编号、样品名称与编号、日期等信息来查找历史报告。

（二）检测数据管理

检测数据管理包括数据查询、数据统计、工作量及检测费用统计等内容，可根据委托客户的要求自动生成。

1. 数据查询

查询指定时间范围内检测任务的总数量、每个任务的工作状态；按客户名称、任务名称与编号、检测依据、检测项目等条件查询一段时间内的检测任务；查询任务的工作流程及样品信息；按样品名称、种类、取样点、检测项目等多种方式浏览数据；浏览数据变化趋势图；浏览不合格或超标数据；根据查询条件查找各种报告及报表，授权人员可浏览或打印，如委托任务书、任务分配单、现场采样记录单、样品交接记录单、样品领取记录单、检测原始记录单、检测报告书等；查找指定时间范围内各种类型质控数据；浏览质控汇总信息；查询一段时间内检测设备的工组负荷；按检测部门或岗位查询设备基本信息及运行状态

2. 数据统计

质量波动统计指统计指定产品各检验项目的质量波动情况。质量波动统计内容主要包括一段时间内检测项目的最大值、最小值、平均值、标准差、范围、工程能力指数等。

合格率统计指统计一段时间内指定产品各检验项目的总次数、合格次数、不合格次数、超标率、合格率及质量等级频率等；操作人员可根据样品、检验项目、取样地等自行设置统计对象。

3. 工作量及检测费用统计

按检测任务分类、样品类别、检测项目、检测部门、检测人员、委托客户、送样单位等条件统计一段时间内的工作量及检测费用信息。

（三）质量管理

质量管理包括质控样管理、质量控制图形生成、数据溯源与审计、新方法确认流程管理、质量评审管理、抱怨处理、不符合项处理、质量异常处理等内容。

1. 质控样管理

授权人员可通过加入控制样来监控检测工作，系统提供多种质控样管理方式，包括外部平行样、外部空白样、外部平行密码样、外部空白密码样、内部平行样、内部空白样、加标样、标样等。数据审核过程中可调出质控样数据，在对比测试样品的数据后，得出对比结果。如果发现对比结果不符合要求，可

拒审样品，并将其退回到检测岗位进行复测处理。

2. 质量控制图形生成

支持各种类型的质控图形，包括趋势图、控制图、质量分布图、不合格项目排列图、等级频率分布图等。

3. 数据溯源与审计

授权人员在查询数据时，可随时调出该数据关联的全部原始记录，包括样品、人员、仪器设备、检测方法、溶液、标准曲线、标准物质、环境、质量控制方法、质控样信息、计算公式和参与计算的全部原始数据，以及文档、图谱等。

任何人对数据有意或无意的修改，将自动被系统记录下来，授权用户可浏览修改记录。修改信息记录了原始数据、修改后数据、修改数据的时间、修改人以及修改数据的原因等方面的信息。数据审计信息还包括数据审核、拒审、重新判，复测替换，检测样品及项目增减，原始记录单修改等信息。

4. 新方法确认流程管理

系统对每个新方法确认过程进行管理，记录从申请至批准全过程的信息；用户可浏览新申请方法的文档附件。

5. 质量评审管理

对质量评审的管理包括评审计划制定、现场审核记录、管理审评会议记录、管理评审报告、证书、活动等方面的内容。

6. 抱怨处理

客户对数据或服务提出抱怨，实验室在受理客户抱怨请求后进入抱怨处理流程，采用相应表单来记录每一次抱怨处理的相关信息。

7. 不符合项处理

若检测过程中出现不符合项，则由相关工作人员记录与实际情况不相符的事实描述，并提交纠错举措的相关申请。纠错举措通过审批程序，相关负责人进行确认以后，交由有关人员开展具体工作。实施过程中应当对纠错举措的开展情况进行详细记录，同时开展有效性检验。

8. 质量异常处理

若出现质量不合格情况，可启用质量异常处理流程，系统可自动生成质量异常处理单，处理过程由多个部门协同完成；可设置不同级别人员的处理审核权限，经过多个环节处理后，得出最终的处理意见，并在处理单上记录处理过程信息。

（四）资源管理

对实验室资源进行有效管理的重要手段之一就是信息综合查询。信息综合查询，即可以通过输入任何字段或关键词进行查询。例如，以人工方式查询其仪器、设备、场地、房屋借用历史及当前借用情况；通过仪器设备名称或功能查询仪器设备情况；通过场地名称、编号等查询其使用状态；通过房屋名称、编号等信息查询其使用状态等。

（五）系统管理

系统管理主要包括基础信息维护、安全管理、备份与归档三方面的内容。

1. 基础信息维护

系统提供了实验室基础信息维护功能。用户可随着业务范围和技术要求的变化自行维护这些基础信息。基础信息包括检验计划、检验方法、方法检出限、检验项目、检验样品、质量控制标准、计算用表、检验工作流程及各类报表模板等。

2. 安全管理

系统按人员和作业角色分配管理权限，其中一个角色与一组操作权限关联。每个用户可以同多个角色进行关联，各种角色彼此间的操作权限也存在很大差别。系统严格管控各种等级操控人员访问数据的范畴及读取数据等相关功能。

3. 备份与归档

系统提供数据备份工具软件，可灵活设置数据备份方式、备份频率及历史备份数据保留周期。该工具软件具有异地备份功能，当服务器数据库完成备份后，可将数据备份文件自动转存至其他计算机中。

系统管理员可设置当前数据库数据保留时间，保留期限之外的数据可自动转存至历史数据库，确保当前数据库保持适量大小，避免因数据量不断增加而影响系统响应性能。

系统支持关系数据库分区功能，并能够自动进行分区，而分区功能可确保数据查询和统计具有很好的运行性能。

三、信息化条件下高校实验室的智能化管理

（一）实验室安全智能化管理系统

在实验室安全管理方面，传统方法主要依靠以实验室管理人员为主体的人工安检来确保实验室的安全，实验室安全系数的高低与管理人员的安全管理职业素养挂钩。与传统方法不同，基于大数据、物联网等信息化技术的实验室管理系统的安全管理系统，则大幅度降低了实验室管理人员的工作强度。与人工相比，智能化的安全管理系统能够二十四小时不间断地实时自动监测，充分保障实验室安全的各安全要素。当监测到异常时，系统会自动启动应急处置程序，确保实验室包括实验人员在内的安全。举个例子，一旦实验室的环境数据出现异常，如温度、湿度、照明度、空气等数据的采集值超出了限定范围，系统就会立即发出指令，通过各种智能反应装置对实验室进行干预，解除安全隐患。基于物联网等信息化技术的实验室管理系统的安全管理系统以射频门禁系

统为基石，门禁系统的主要任务是实时监测事物出入实验室的具体状况，判断出入事物的合法性和有效性，并按不同情况进行有序处理。而安全管理系统就是利用射频识别技术，网络摄像机，温度、湿度等传感设备对实验室进行安全监测，利用无线网络通信技术，通过统一的监控平台实现对现场的实时监控。系统可以根据已经设定的事件规则进行监控，实时监控包括对人员出入实验室、仪器设备出入实验室、实验过程和实验室的全部环境因素的动态监控。

1. 人员出入实验室安全管理

实验室是高校实现系统化教学过程不可缺少的一个重要教学场所，物联网技术已渗透到实验室的诸多应用和管理过程中。高校的实验室除实验室管理人员和实验技术人员会进入之外，往往有不少的师生乃至校外科研人员不时进入实验室进行实验操作。在实验室开放时间，当有人员使用射频门禁系统时，固定安装在实验室出入口的射频识别阅读器会自动扫描进入人员的射频识别电子标签身份卡信息。当获取进入人员的信息后，射频识别阅读器会将数据发送到实验室管理信息系统中，如果和预约授权的系统信息一致，那么该人员被许可进入实验室，同时系统自动记录实验情况，如使用人员到达时间、使用的实验设备等信息，并在实验室管理人员管理终端上实时显示此类信息，以便管理人员实时掌握实验室人员情况并可随时核对检查。相反，若与预约授权的系统数据信息有出入，或者门禁系统读取不到该人员的射频识别电子标签身份信息数据，但凭借红外感应装置探测到人员进入实验室时，系统会自动发出报警提示，第一时间发送消息（App消息、微信、手机短信）通知实验室管理人员该人员属于非法进入，由管理人员采取相应的干预措施。整个过程由智能网络监控系统的摄像机自动聚焦拍摄对象，进行视频取证。实验人员结束实验离开实验室时，射频识别阅读器再次自动扫描该人员射频识别电子标签身份卡信息并发送至实验室管理信息系统，由该系统记录该实验人员的离开时间和设备使用时长等信息，同时更新管理人员管理终端上的实时数据信息。在实验室处于关闭状态并且设定相关防范措施时，若红外感应装置探测到有人员进入实验室时，系统会立即发出声光报警信号，并第一时间启动安防装置，通知学校保卫部门和公安部门，确保实验室的安全，防止被盗事件的发生。

2. 仪器设备出入实验室安全管理

在实验仪器设备的全生命周期内，由于实验室功能变更，实验室布局调整，仪器设备损坏维修、外借、外调等各种预知原因，发生仪器设备移入移出实验室的情况，另外还有其他各种不可预知的原因，如失窃等。实验室射频识别门禁系统探测发现携带有射频识别电子标签的仪器设备进入实验室时，门禁系统自动把此射频识别信息传递给实验室管理系统，并比对仪器设备数据，若不是该实验室仪器设备，管理系统自动群发告警消息（App消息、微信、手机短信）给原设备所处部门设备管理人员、资产设备管理系统管理员、当前实验室管理员，由上述管理人员确认仪器设备准入行为，一旦确认，系统认为设备发生调拨变更，自动修改仪器设备射频识别数据，完成设备调拨处理。而实验室射频识别门禁系统探测到有仪器设备搬出实验室时，实验室管理系统立即发送报警消息给实验室管理人员进行处置。在实验室射频识别门禁系统持续探测到设备有可能搬出大楼且管理人员未做出干预时，射频识别门禁系统自动关闭楼宇大门并启动声光报警装置。无论仪器设备是入还是出，实验室射频识别门禁系统会第一时间触发启动智能网络监控系统的摄像机进行拍摄，以备后期查验。

3. 实验过程监控管理

实验室射频识别门禁系统监测到实验人员合法进入实验室开展实验时，借助智能摄像监控系统对实验操作人员进行空间位置坐标定位，记录实验人员的操作过程。同时智能摄像监控系统对全景图像进行不间断的图像记录和分析，当实验室内发生高频次、大范围人员聚集、走动等异常情况时，系统借助通信系统自动向实验室管理人员报警。利用声音传感装置和光线传感装置采集实验室声光数据，当有高分贝的连续声响或光线异常变化超出设定的阈值时，系统即可判断有异常情况发生，自动向实验室管理人员发出报警，由管理人员查明事件发生原因，及时进行人工干预。系统会将实验室实时监控数据存入预先构建好的数据库中，包括实验室的实验情况、环境要素、设备工作状态的数据以及故障处理日志。

凭借智能摄像监控系统监控终端，实验室主管部门可以利用实时方式或回放方式巡检全校各实验室运行情况，也可以重新配置监控系统参数，调整监控计划。

4. 实验室环境智能管控

实验室的环境条件是实验正常展开的最重要的保证之一。实验室环境要素管控包括用电安全管控、用气安全管控、温度湿度管控、消防安全管控等方面。实验室管理系统的安全管理子系统中需包含环境智能管控系统。

高校实验室中大部分仪器设备是电气类设备，若使用不当或用电线路存在缺陷，极易引起用电安全事故，甚至人身伤亡事故。所以安全用电是开展实验活动的前提条件，绝不能掉以轻心。用电安全主要包括防触电、防静电、防电起火三个方面。在基于射频识别技术的实验室管理系统的安全管理子系统中能够通过电压传感器和电流传感器对设备中的静电进行感应和检测，如果设备积累的静电过多，那么传感器就会把相应的信息传递给系统，系统就会采取相应的措施。通过电压传感器和电流传感器还可以检测到线路中电压和电流的情况，若出现漏电或短路，系统就会关闭电源，并向管理人员报警，以保证实验室的用电安全。

很多实验室配置不少数量的燃气设备，使用的是管道天然气，实验室内铺设有燃气管道，用于燃气设备。任何细微的燃气泄漏，如不及时处理，极易发生爆燃事故。如何及时发现安全隐患，从而采取有效的措施，防止危险事故的发生，是此类实验室重点关注的焦点问题。基于射频识别技术的实验室管理系统可以通过气体传感器监视管道燃气是否泄漏，通过烟雾传感器可以监控是否发生了火灾。系统通过这些传感器可以在第一时间发现意外事故，立即切断电源并进行报警，通知管理人员和实验人员及早采取应对措施。

电子类实验室仪器设备对于温度、湿度都有一定的工作范围要求，超出限定值，发生设备故障的概率将会大幅提高，对环境温度、湿度等要素实现智能管控是基于射频识别技术的智能实验室的必备条件。通过实验室内的温度、湿度传感器实时监测实验室内的环境条件，当环境温度高于或低于预设的限定值时，系统自动开启温度调节器；当湿度高于或低于限定值时，自动开启除湿机除湿或加湿器加湿。当传感器监测到一定时间内温度、湿度连续超出限定值时，开启声光报警，同时系统发送短信告知实验室管理人员。

实验室是培养高素质人才的必备设施，实验室的安全是研究人员开展实验项目的基础。改变传统人工方式的实验室安全管理模式，充分利用物联网等现代信息技术来构建实验室安全智能化管理系统，进行实验室安全管理的智能化、信息化及自动化建设是高等院校实验室安全管理的发展方向和必然趋势。构建实验室安全管理智能化系统，实现实验室安全的智能化管理，不仅能够提供安全、有序的实验环境，有效提升实验室安全管理水平，还能够保障实验室财产和实验人员的安全，为实现安全校园发挥积极作用。

（二）实验室安全教育信息平台

保持实验室的安全平稳运行，除了需要健全和完善实验室安全管理措施和安全管理手段，提高实验室安全管理信息化、智能化水平，还有必要对广大实验实践活动的参与者和实验室的管理者开展知识全面、内容丰富、手段多样的实验室安全教育，使他们能够全面掌握实验室安全管理制度、实验的正确操作流程、实验设备的安全使用规范以及实验室的安全逃生知识，提高实验室安全防范和应变能力，将灾害事故发生的概率降至最低，全面保障实验室工作人员的人身安全及财产安全。

实验室安全教育平台能够为相关人员提供在线的、便捷的、交互式的自主学习平台。该平台对实验室安全制度教育、实验操作流程教育、实验设备使用教育以及安全逃生知识教育等方面的学习文献资料进行信息化处理，采用包括文字、声音、视频等多种媒体展现形式，根据实验室安全教育知识内容的不同，建立不同的媒体知识库。研发移动终端应用，相关人员借助手机等移动终端可方便地阅读、浏览这些电子文献资料或视频教程，自主学习实验室安全知识，更迅捷地掌握实验室安全知识。实验室安全教育信息平台可建设实验室安全知识在线测试考核系统，系统可以在预先建立的实验室安全知识试题库中随机抽取并生成测试试题，并可自动完成答卷批阅，给出测试结果。

（三）实验仪器设备信息化管理系统

通过建立实验室仪器设备信息化管理系统，将实验室管理中人员管理环节、仪器设备管理环节和日常教学事务管理环节紧密连接，实现实验室管理体系中人、事、物三位一体的管理。建立实验仪器设备的在线预约使用系统，操作者需要先进行实验操作学习和考核，考核通过后方可申请使用。这样就可以有效避免同一时间段使用人数、场所的冲突。实验仪器平时用于教学，但是师生在课余时间如果有需要，可以通过仪器管理系统线上预约使用，这样既能保证仪器设备的高效利用，又能为学校师生提供便利。在系统中增加仪器设备、化学试剂申购功能，学校上级部门审核申购申请，这样其可以有效了解实际需求，完善学校学习、科研环境。

（四）教学管理信息化系统

传统的教学排课都是各教研室根据本学期的开课班级和人数安排上课时间，但是实验教学存在其特殊性，尤其是实验仪器的教学，因为教学设备数量和场地的限制，各教研室在排实验课时会出现实验场地、时间冲突，需要多方反复沟通，效率低，过程烦琐。如果建立线上课程管理系统，那么不同学科的教师在排课时便能够清晰明了地看到实验仪器和场所的预约情况，可以避免发生排课冲突。此外，学生如果有课程安排之外的实验需求，也可以通过该系统了解上课时间和具体课程安排，增加学习的灵活性和便捷性。

（五）实验室管理信息化的延伸功能

1. 大型仪器共享平台

高校教学实验室和科研实验室相对独立，实验室之间也由各个课题组负责管理，课题组之间、高校与高校之间的信息交流少，资源共享程度不高，先进的仪器设备、优秀的实验室和团队管理经验、丰富的实验教学方式等优质资源无法共建共享，严重制约了高校实验室信息化建设与发展。因此，通过建立实验室信息化管理系统，高校之间、高校内部可以共享仪器设备、教学成果视频等。而这需要我们明确科研基础设施、仪器设备名录、服务方式和服务内容、收费流程及标准等，以全方位提升共享服务能力，构建全方位、多层次、专业化的共享服务平台，提高资源的配置效率、供需匹配程度，优化仪器设备网络化资源整合的综合服务能力。

2. 大学生创新研究实验平台

高校每年都会申报大学生创新课题，但是申报成功的学生往往缺乏做实验的场所和实验仪器等条件。开设大学生创新研究实验平台不但可以为大学生的课题研究提供便利，增加学校的综合竞争能力，建立培养人才的新渠道，而且可以为大四的学生做毕业课题提供很好的基础。同时也可以通过鼓励学生参与教师的科研实验，培养其科研理念，使其领悟科研工作的真谛，提高学生面对科研问题独立思考和解决问题的能力。这样不但可以寓教于实验，而且可以将教学与科学研究巧妙地结合起来，提高学生的学习兴趣、动手能力和科技创新能力。通过搭建实验室信息化管理系统，仪器、场地的使用情况，预约人数，预约时间等内容一目了然，有需求的师生可以通过线上系统申请、预约以自主使用仪器设备和实验场地。创新创业训练计划及大学生毕业设计的指导教师也可以根据信息化平台提供的数据信息充分、便捷、全面地了解学生在开放实验室的实验进程及日常表现，学生也可以根据信息化平台选择自己的自主开放实验时间，自主选择感兴趣的实验内容，全面优化实验室资源的管理与利用，有效提升实验室的利用率。

第三节 信息安全与隐私保护

一、计算机软硬件安全

（一）计算机软件的安全防范技术

1. 杀（防）毒软件

计算机病毒给全球计算机系统造成了巨大损失，令人们谈"毒"色变。对于一般用户而言，首先要做的就是为计算机安装一套正版的以"防"为主的杀毒软件，定期升级所安装的杀毒软件（如果安装的是网络版，在安装时可先将其设定为自动升级），为操作系统打相应补丁、升级引擎和病毒定义码。由于新病毒层出不穷，各杀毒软件厂商的病毒库更新十分频繁，应当设置每天定时更新病毒库，以保证其能够抵御最新的病毒攻击。

每周要对计算机进行一次全面的扫描、杀毒工作，以便发现并清除隐藏在系统中的病毒。当用户不慎感染病毒时，应该立即将杀毒软件升级到最新版本，然后对整个硬盘进行扫描操作，清除一切可以查杀的病毒。如果病毒无法清除，或者杀毒软件不能做到对病毒体的清晰辨认，那么应该将病毒提交给杀毒软件公司，杀毒软件公司一般会在短期内给予用户满意的答复。

2. 个人防火墙

防火墙是指一种将内部网和公众访问网分开的方法，实际上是一种隔离技术。防火墙是在两个网络通信时执行的一种访问控制尺度，它允许用户"同意"的人和数据进入自己的网络，同时将用户"不同意"的人和数据拒之门外，最大限度地阻止网络中的黑客来访问自己的网络，防止他们更改、拷贝、毁坏重要信息。在理想情况下，一个好的防火墙应该能把各种安全问题在发生之前解决。合理设置防火墙可以防范大部分的蠕虫入侵，抵御黑客袭击。

3. 不下载来路不明的软件及程序

选择信誉较好的网站下载软件，将下载的软件及程序集中放在非引导分区的某个目录，在使用前最好用杀毒软件查杀病毒。如果有条件，可以安装一个实时监控病毒的软件以随时监控网上传递的信息。

不要打开来历不明的电子邮件及其附件，以免遭受病毒邮件的侵害。在互联网上有些病毒就是通过电子邮件来传播的，这些病毒邮件通常以带有噱头的标题来吸引用户打开其附件，如果下载或运行了它的附件，计算机就会受到感染。

4. 只在必要时共享文件夹

不要以为在内部网上共享的文件是安全的，其实在共享文件的同时就会有软件漏洞呈现在互联网的不速之客面前，其可以自由地访问你的文件，而共享文件很有可能被有恶意的人利用和攻击。因此，共享文件应该设置密码，一旦不需要共享时立即关闭。

一般情况下尽量不要共享文件及文件夹，如果确实需要共享，一定要将文件夹设为只读。通常设定共享"访问类型"时不要选择"完全"选项，因为"完全"选项将导致只要能访问这一共享文件夹的人员都可以将所有内容进行修改或者删除。

不要将整个硬盘设定为共享。如果某一个访问者将系统文件删除，会导致计算机系统全面崩溃，无法启动。

（二）计算机硬件的维护

1. 硬盘维护

硬盘是计算机系统中最常用、最重要的存储设备之一，也是故障概率较高的设备之一。来自硬盘本身的故障一般很少，主要是人为因素或使用者未根据硬盘特点采取切实可行的维护措施所致。因此，硬盘在使用中必须加以正确维护，否则会出现故障或缩短其使用寿命，甚至造成数据丢失，给工作和生活带来不可挽回的损失。

（1）防震。硬盘是十分精密的存储设备。工作时，磁头在盘片表面的浮动高度只有几微米。不工作时，磁头与盘片是接触的；硬盘在进行读写操作时，一旦发生较大的震动，就可能造成磁头与数据区撞击，导致盘片数据区损坏或划盘，甚至丢失硬盘内的文件信息。因此在工作时或关机后，主轴电机尚未停机之前，严禁搬运计算机或移动硬盘，以免磁头与盘片产生撞击而擦伤盘片表面的磁层。在硬盘的安装、拆卸过程中更要加倍小心,严禁摇晃、磕碰。

(2)硬盘读写时切忌断电。硬盘进行读写时,其处于高速旋转状态,如果忽然关掉电源,将导致磁头与盘片猛烈摩擦,从而损坏硬盘。所以在关机时,一定要注意面板上的硬盘指示灯,确保硬盘完成读写之后再关机。

(3)防病毒。计算机病毒对硬盘中存储的信息是一个很大的威胁,所以应利用版本较新的抗病毒软件对硬盘进行定期的病毒检测,发现病毒时,应立即采取办法清除,尽量避免对硬盘进行格式化,因为硬盘格式化会丢失全部数据并缩短硬盘的使用寿命。

(4)防高温、防潮、防磁场。硬盘的主轴电机、步进电机及其驱动电路工作时都要发热,在使用中要严格控制环境温度,计算机操作室内最好配备空调,将温度调节在20℃~25℃。在炎热的夏季,要注意监测硬盘周围的环境温度不要超出产品许可的最高温度(一般为40℃)。

在潮湿的季节或地域使用计算机,要注意保持环境干燥,或经常给系统加电,靠自身发热将机内水汽蒸发掉。

磁场是损毁硬盘数据的隐形杀手,因此,要尽可能地使硬盘不靠近强磁场,如音箱、喇叭、电机、电台等,以免硬盘里所记录的数据因磁化而受到破坏。

(5)定期整理硬盘。硬盘的整理包括两方面的内容:一是根目录的整理,二是硬盘碎块的整理。一个清晰、整洁的目录结构会给用户的工作带来方便,同时避免软件的重复放置及"垃圾文件"过多浪费硬盘空间,影响硬盘运行速度。硬盘在使用一段时间后,文件的反复存放、删除往往会使许多文件,尤其是大文件在硬盘上占用的扇区不连续,看起来就像一个个碎块,硬盘上碎块过多会极大地影响硬盘的速度,甚至造成死机或程序不能正常运行。在日常使用过程中,不妨定期整理,使计算机系统性能达到最佳。

2. 显示器的维护

显示器在计算机中有着举足轻重的地位,同时它的更新周期比较慢,性能也比较稳定。在显示器的使用过程中要注意以下一些问题。

(1)避免磁场和强光直射。如果显示器附近有磁性物质,则会造成显示器局部变色。因此应迅速排除这类磁性物质,否则可能会给显示器造成永久的损害。显示器中含有聚酯橡胶和塑料成分,这些成分在长时间受阳光或强光照射下容易老化、变黄。同时显像管荧光粉在强烈光照下也会加快老化,降低发光效率,影响显示器的亮度、对比度,导致显示器的寿命缩短。因此,必须把显示器摆放在日光照射较弱或者没有光照的地方。

(2)提供干燥通风的环境。显示器长久处于潮湿环境会出现很多问题,例如,显示器内部的电源变压器和其他线圈受潮后易产生漏电,甚至有可能霉断连线;显示器的高压部位极易产生放电现象;机内元器件容易生锈、被腐蚀,严重时会使电路板发生短路。液晶显示器在潮湿环境或液晶屏沾水,显示屏中的数字就会变得非常模糊，甚至会损害液晶显示器内部的元器件。给受潮的液晶显示器通电时，会导致液晶电极被腐蚀，造成永久性的损害。应为显示器做好防潮防湿工作，特别在梅雨季节，要定期接通计算机的电源，让计算机运行一段时间，以便加热元器件驱散潮气。让显示器处于通风的环境，可以确保显示器散热良好，从而能正常工作。

（3）要正确插拔显示器。移动显示器时，应先关机，再将电源线和信号电缆线拔掉，以免损坏接口电路的元器件；插拔显示器时不要让线缆拉得过长，这样可能使显示器的亮度减小，且射线不能聚焦；插拔时动作一定要轻，如果将插头的某个引脚弄弯或者折断，可能会导致显示器不能显示内容、颜色或者偏向一种颜色，也可能导致屏幕上下翻滚。显示器电源应插在单独的固定插口上，如墙上的插口，避免显示器受到瞬时高压冲击而造成元件损坏。多孔插座容易造成显示器供电不良，使屏幕抖动、线条忽暗忽亮，甚至黑屏，劣质插座还会烧毁显示器。

（4）不要随意拆卸显示器。显示器在关机后依然可能带有高达1000V的电压，因此非专业人员不要拆卸或打开显示器机壳，以免人员受到伤害或损坏显示器。

（5）合理设置刷新频率、显示分辨率。字体太小、显示器刷新频率过低或者聚焦不良等都会造成眼睛疲劳。一般刷新频率设在75Hz/s或更高可以有效地防止眼睛疲劳，在刷新频率达到85Hz/s时，对人眼已经基本没有影响了。不同显示器在相同分辨率下能支持的最高分辨率是不同的，显示分辨率的大小直接关系到显示画面的清晰程度，因此要让视觉感受良好，就必须设置好显示分辨率的大小。显示分辨率与显示屏幕的尺寸和型号有一定的关系，我们应根据显示器的尺寸和型号调整显示器的分辨率。不同型号和尺寸的显示器可能有不同的最佳显示分辨率。

3. 光驱的维护

光驱的寿命主要由激光头决定。保护光驱的方法：保持光驱、光盘清洁，定期清洁、保养激光头；保持光驱水平放置；养成关机前及时取盘的习惯；减少光驱的工作时间，使用正版光盘；正确开、关盘盒，利用程序进行开、关盘盒；尽量少放影碟。

4. 鼠标的维护

鼠标是常用的输入设备。当在屏幕上发现鼠标指针移动不灵时，应当为鼠标除尘。鼠标的清洁及维护可按照以下步骤进行：基本除尘、开盖除尘、按键失灵排障。

5. 键盘的维护

键盘是最常用的输入设备之一。由于键盘底座和各按键之间有较大的间隙，灰尘容易侵入，应定期对键盘进行清洁维护。通常可以将键盘反过来轻轻拍打，让键盘内的灰尘落出；也可以用湿布擦拭键盘表面，注意湿布一定要拧

干，以防水进入键盘内部

使用时间较长的键盘需要拆开进行维护。拆卸维护键盘的方法：拔下键盘与主机连接的电缆插头，然后将键盘正面向下放到工作台上，拧下底板上的螺钉即可取下键盘后盖板，将所有的按键、前面板、橡胶垫清洗干净，再进行安装还原。安装还原时要注意按键、前面板、橡胶垫晾干后方能还原键盘，否则会导致键盘内触点生锈；注意三层薄膜准确对位，以免按键无法接通。

二、计算机网络安全

从本质上讲，网络安全就是网络上的信息安全。从广义来说，凡是涉及网络上信息的保密性、完整性、可用性、真实性和可控性的相关技术和理论都是网络安全的研究领域。网络安全是一门涉及计算机科学、网络技术、通信技术、密码技术、信息安全技术、应用数学、数论、信息论等多种学科的综合性学科。

（一）网络安全概述

以互联网为代表的全球性信息化浪潮日益深刻，信息网络技术的应用正日益普及和广泛，其应用层次正在深入，应用领域从传统的小型业务系统逐渐向大型、关键业务系统扩展，如党政部门信息系统、金融业务系统、企业商务系统等。伴随网络的普及，安全日益成为影响网络效能的重要问题，而互联网所具有的开放性、国际性和自由性在增加应用自由度的同时，对安全提出了更高的要求，这主要表现在以下几方面。

开放性的网络导致网络的技术是全开放的，任何人都可能获得，因此网络所面临的破坏和攻击是多方面的。例如，来自物理传输线路的攻击也可以实现对网络通信协议的攻击；可以对软件实施攻击，也可以对硬件实施攻击。

国际性的网络意味着网络的攻击不仅仅来自本地网络用户，其有可能来自互联网上的任何一个机器。也就是说，网络安全所面临的是一个国际化的挑战。

开放、国际化的互联网发展给政府机构、企事业单位带来了革命性的影响，使他们能够利用互联网提高办事效率和市场反应能力。通过互联网，他们可以从异地取回重要数据，但同时要面对互联网开放带来的数据安全的新挑战和新危险。如何保护机密信息不受黑客和工业间谍的入侵，已成为政府机构、企事业单位信息化健康发展所要考虑的重要事情。

1. 安全的基本要素

安全包括五个基本要素，即机密性、完整性、可用性、可控性和可审查性。

机密性：确保信息不暴露给未授权的实体或进程。

完整性：只有得到许可的人才能修改数据，并且能够判别出数据是否已被篡改。

可用性：得到授权的实体在需要时可访问数据，即攻击者不能占用所有的资源而阻碍授权者的工作。

可控性：可以控制授权范围内的信息流向及行为方式。

可审查性：为出现的网络安全问题提供调查的依据和手段。

2. 安全的主要方面

运行系统安全，即保证信息处理和传输系统的安全。它侧重于保证系统正常运行，避免因为系统的崩溃和损坏而对系统存储、处理和传输的信息造成破坏和损失，避免由于电磁泄漏产生信息泄露，干扰他人或受他人干扰。

网络上系统信息的安全。它包括用户口令鉴别，用户存取权限控制，数据存取权限、方式控制，安全审计，安全问题跟踪，计算机病毒防治，数据加密。

网络上信息传播安全，即信息传播后果的安全。它包括信息过滤等，侧重于防止和控制非法、有害的信息进行传播的后果。

网络上信息内容的安全。它侧重于保护信息的保密性、真实性和完整性，避免攻击者利用系统的安全漏洞进行窃听、冒充等有损于合法用户的行为，本质上是保护用户的利益和隐私。

3. 安全威胁

目前网络存在的威胁主要表现在以下几方面。

（1）非授权访问。没有预先经过同意就使用网络或计算机资源被看作非授权访问，如有意避开系统访问控制机制，对网络设备及资源进行非正常使用，或擅自扩大权限，越权访问信息。它主要包括假冒、身份攻击、非法用户进入网络系统进行违法操作、合法用户以未授权方式进行操作等。

（2）信息泄露或丢失。它指敏感数据在有意或无意中被泄漏出去或丢失，它通常包括信息在传输中丢失或泄漏（如黑客利用电磁泄漏或搭线窃听等方式截获机密信息，或通过对信息流向、流量、通信频度和长度等参数的分析推出有用信息，如用户口令、账号等），信息在存储介质中丢失或泄漏，通过建立隐蔽隧道窃取敏感信息等。

（3）破坏数据完整性。以非法手段窃得对数据的使用权，删除、修改、插入或重发某些重要信息，以取得有益于攻击者的响应；恶意添加、修改数据，以干扰用户的正常使用。

（4）拒绝服务攻击。它不断对网络服务系统进行干扰，改变其正常的作业流程，执行无关程序，使系统响应减慢甚至瘫痪，影响正常用户的使用，甚至使合法用户被排斥而不能进入计算机网络系统或不能得到相应的服务。

（5）利用网络传播病毒。通过网络传播计算机病毒，其破坏性大大高于单机系统，而且用户很难防范。

4. 安全策略

安全策略是指在一个特定的环境里，为保证提供一定级别的安全保护所必须遵守的规则。该安全策略模型包括了建立安全环境的三个重要组成部分。

（1）威严的法律。安全的基石是社会法律、法规，是建立安全管理的标准和方法，使非法分子慑于法律，不敢轻举妄动。

（2）先进的技术。先进的安全技术是信息安全的根本保障。用户对自身面临的威胁进行风险评估，决定其需要的安全服务种类，选择相应的安全机制，然后集成先进的安全技术。

（3）严格的管理。网络使用机构、企业和单位应建立相应的信息安全管理办法，加强内部管理，建立审计和跟踪体系，提高整体信息安全意识。

5. 安全服务、机制与技术

（1）安全服务。安全服务包括服务控制服务、数据机密性服务、数据完整性服务、对象认证服务和防抵赖服务。

（2）安全机制。安全机制包括访问控制机制、加密机制、认证交换机制、数字签名机制、防业务流分析机制和路由控制机制。

（3）安全技术。安全技术包括防火墙技术、加密技术、鉴别技术、数字签名技术、审计监控技术和病毒防治技术。

在安全的开放环境中，用户可以使用各种安全应用。安全应用由一些安全服务来实现，而安全服务又是由各种安全机制或安全技术来实现的。需注意的是，同一安全机制有时也可以用于实现不同的安全服务。

6. 安全工作目的

安全工作的目的是在安全法律、法规、政策的支持与指导下，通过采用合适的安全技术与安全管理措施完成以下任务。

使用访问控制机制阻止非授权用户进入网络，即"进不来"，从而保证网络系统的可用性。

使用授权机制实现对用户的权限控制，即不该拿走的"拿不走"，同时结合内容审计机制实现对网络资源及信息的可控性。

使用加密机制确保信息不暴露给未授权的实体或进程，即"看不懂"，从而实现信息的保密性。

使用数据完整性鉴别机制保证只有得到允许的人才能修改数据，而其他人"改不了"，从而确保信息的完整性。

使用审计、监控、防抵赖等安全机制让攻击者、破坏者、抵赖者"走不脱"，并进一步对网络出现的安全问题提供调查依据和手段，实现信息安全的可审查性。

（二）常见的网络安全技术手段

物理措施。保护网络关键设备（如交换机、大型计算机等），制定严格的网络安全规章制度，采取防辐射、防火以及安装不间断电源等措施。

访问控制。对用户访问网络资源的权限进行严格的认证和控制。例如，进行用户身份认证，对口令加密、更新和鉴别，设置用户访问目录和文件的权限，控制网络设备配置的权限等。

数据加密。加密是保护数据安全的重要手段。数据加密是对网络中传输的数据进行加密，到达目的地后再解密还原为原始数据，目的是防止非法用户截获后盗用信息。

网络隔离。网络隔离有两种方式：一是采用隔离卡来实现，二是采用网络安全隔离网闸来实现。隔离卡主要用于对单台机器的隔离，网闸主要用于对整个网络的隔离。

其他措施。包括信息过滤、容错、数据镜像、数据备份和审计等。

（三）网络安全的解决方案

1. 部署入侵检测系统

入侵检测能力是衡量一个防御体系是否完整、有效的重要因素，可以弥补防火墙相对静态防御的不足。入侵检测系统集入侵检测、网络管理和网络监视功能于一身，能实时捕获内外网之间传输的所有数据，利用内置的攻击特征库，使用模式匹配和智能分析的方法检测网络上发生的入侵行为和异常现象，并在数据库中记录有关事件，以作为网络管理员事后分析的依据。如果情况严重，系统可以发出实时报警，使管理员能够及时采取应对措施。

2. 部署漏洞扫描系统

使用漏洞扫描系统定期对工作站、服务器、交换机等进行安全检查，并根据检查结果向系统管理员提供详细、可靠的安全性分析报告，为提高网络安全整体水平提供重要依据。

3. 部署网络版防病毒产品

部署网络版防病毒产品的目的是在整个局域网内杜绝病毒的感染、传播和发作，为了实现这一点，应该在整个网络内可能感染和传播病毒的地方采取相应的防病毒手段。同时，为了有效、快捷地实施和管理整个网络的防病毒体系，应实现远程安装、智能升级、远程报警、集中管理、分布查杀等多种功能。

三、实验室数据安全

（一）数据安全概述

国际标准化组织对计算机系统安全的定义是为数据处理系统建立和采用的技术和管理的安全保护，保护计算机硬件、软件和数据不因偶然和恶意的原因遭到破坏、更改和泄露。由此可以将计算机网络安全理解为通过采用各种技术和管理措施，使网络系统正常运行，从而确保网络数据的可用性、完整性和保密性。所以，建立网络安全保护措施的目的是确保经过网络传输和交换的数据不会被修改、丢失和泄露等。

数据安全有两方面的含义：一是数据本身的安全，主要是指采用现代密码算法对数据进行主动保护，如数据保密、双向强身份认证等；二是数据防护的安全，主要是采用现代信息存储手段对数据进行主动防护，如通过磁盘阵列、数据备份、异地容灾等手段保证数据的安全。数据安全是一种主动的包含措施，数据本身的安全必须基于可靠的加密算法与安全体系，主要有对称算法和公开密钥密码体系两种。

数据处理的安全是指如何有效地防止数据在录入、处理、统计或打印中由于硬件故障、断电、死机、人为的误操作、程序缺陷、病毒或黑客等造成的数据库损坏或数据丢失现象，防止某些敏感或保密的数据被不具备资格的人员或操作员阅读，而造成数据泄密等后果。

数据存储的安全是指数据库在系统运行之外的可读性。一个标准的 Access 数据库，稍微懂得一些基本方法的操作人员，都可以打开进行阅读或修改。一旦数据库被盗，即使没有原来的系统程序，照样可以另外编写程序对盗取的数据库进行查看或修改。从这个角度说，不加密的数据库是不安全的，容易造成商业泄密。这就涉及计算机网络通信的保密、安全及软件保护等问题。

（二）数据安全防范技术

1. 影响数据安全的主要因素

影响数据安全的因素有很多，常见因素如下：一是硬盘驱动器损坏：一个硬盘驱动器的物理损坏意味着数据丢失。设备的运行损耗、存储介质失效、运行环境以及人为的破坏等，都能对硬盘驱动器设备造成影响。二是人为错误：由于操作失误，使用者可能会误删除系统的重要文件，或者修改影响系统运行的参数，以及没有按照规定要求操作而导致系统宕机。三是黑客入侵：入侵者通过网络远程入侵系统。四是病毒感染：计算机病毒的复制能力强、感染性强，特别是在网络环境下，其传播性更快，易破坏计算机系统进而窃取信息。五是自然灾害。六是电源故障：电源供给系统故障，一个瞬间过载的电功率会损坏在硬盘或存储设备上的数据。七是磁干扰：磁干扰是指重要的数据接触到有磁性的物质，造成计算机数据被破坏。

2. 数据安全制度

不同的单位和组织都有自己的网络信息中心。为确保信息中心、网络中心机房重要数据的安全（保密），单位和组织一般要根据国家法律和有关规定，制订适合本单位和本组织的数据安全制度。

对应用系统使用、产生的介质或数据按其重要性进行分类，对存放有重要数据的介质，应备份必要份数，并分别存放在不同的安全的地方（防火、防高温、防震、防磁、防静电及防盗），建立严格的保密保管制度。

保留在机房内的重要数据（介质），应为系统有效运行所必需的最少数量，除此之外的数据（介质）不应保留在机房内。

根据数据的保密规定和用途，确定使用人员的存取权限、存取方式和审批手续。

重要数据（介质）库应设专人负责登记、保管，未经批准，不得随意挪用重要数据（介质）。

在使用重要数据（介质）期间，应严格按国家保密规定控制转借或复制，需要使用或复制的须经批准。

应定期检查所有重要数据（介质），要考虑介质的安全保存期限，及时更新复制。损坏、废弃或过时的重要数据，其介质应由专人负责消磁处理，秘密级以上的重要数据在超过保密期或废弃不用时，其介质要及时销毁。

机密数据处理作业结束时，应及时清除存储器、联机磁带、磁盘及其他介质上有关作业的程序和数据。

机密级及以上秘密信息存储设备不得并入互联网。重要数据不得外泄，重要数据的输入及修改应由专人来完成。重要数据的打印输出及外存介质应存放在安全的地方，打印出的废纸应及时销毁。

3. 数据安全防护技术

计算机存储的信息越来越多，也越来越重要，为防止计算机中的数据意外丢失，一般会采用许多安全防护技术来确保数据的安全。下面简单地介绍常用和流行的数据安全防护技术。

（1）磁盘阵列。磁盘阵列是指把多个类型、容量、接口甚至品牌的专用磁盘或普通硬盘连成一个阵列，使其以更快的速度和更加准确、安全的方式读写磁盘数据，从而提高数据读取速度和安全性的一种手段。

（2）数据备份。备份管理包括备份的可计划性、自动化操作、历史记录的保存或日志记录。

（3）双机容错。双机容错的目的在于保证系统数据和服务的在线性，即当某一系统发生故障时，整个系统仍然能够正常地向网络系统提供数据和服务，从而避免系统停机。

（4）网络附加存储。网络附加存储解决方案通常被配置成文件服务设备，其允许工作站或服务器通过网络协议和应用程序进行文件访问，大多数网络附加存储链接在工作站客户机和网络附加存储文件共享设备之间建立，这些链接的正常运行依赖于企业的网络基础设施。

（5）数据迁移。由在线存储设备和离线存储设备共同构成一个协调工作的存储系统，该系统在在线存储和离线存储设备间动态地管理数据，使访问频率高的数据存放于性能较高的在线存储设备中,而访问频率低的数据存放于性能较低的离线存储设备中。

(6)异地容灾。异地容灾是指以异地实时备份为基础的、高效的、可靠的远程数据存储解决方案,各单位的信息技术系统必然存在核心部分,通常称其为生产中心。生产中心配备一个可远程修改的备份中心,并且在生产中心的内部实施各种各样的数据保护,当火灾、地震等灾难发生时,生产中心一旦瘫痪,备份中心会接管生产,继续提供服务。

(7)存储区域网络。存储区域网络允许服务器在共享存储装置的同时高速传送数据。这一方案具有带宽高、可用性高、容错能力强的优点,而且它可以轻松升级,容易管理,有助于降低整个系统的总体成本。

四、实验室隐私安全保护

实验室隐私安全保护是一个多方面、多层次的工作,涉及数据的收集、存储、处理、传输和销毁等各个环节。

(一)数据加密

数据加密作为实验室隐私安全保护的核心手段,是确保数据在存储和传输过程中不被未授权访问或篡改的关键技术。现代密码学技术提供了多种加密方法,包括对称加密、非对称加密、哈希函数以及更为高级的加密技术,如同态加密和量子加密等。

对称加密算法,如高级加密标准,使用相同的密钥进行数据的加密和解密,因其高效性在大量数据加密中被广泛使用。然而,密钥的安全管理成为对称加密的关键问题,因为密钥的泄露将直接导致加密保护失效。

非对称加密算法,如椭圆曲线加密,使用一对公钥和私钥,公钥用于加密数据,私钥用于解密。这种加密方式解决了密钥分发的问题,因为公钥可以公开,而只有持有私钥的接收方才能解密数据。非对称加密虽然在安全上具有优势,但其计算复杂度较高,不适合大量数据的加密。

哈希函数则用于数据的完整性校验,它将任意长度的数据转化为固定长度的哈希值,并且具有单向性,即无法从哈希值恢复原始数据。哈希函数在数据传输过程中用于验证数据是否被篡改,从而验证数据的完整性。

同态加密是一种允许在加密数据上直接进行计算,而计算结果仍然保持加密状态的加密技术。这意味着可以在不解密的情况下对数据进行加、减、乘等操作,计算结果在解密后与直接对原始数据进行相同计算的结果一致。同态加密为隐私保护计算提供了新的可能,尤其适用于需要在保护数据隐私的同时进行数据分析的场景。

量子加密技术，特别是量子密钥分发，利用量子力学原理，如量子纠缠和不确定性原理，实现密钥的安全分发。量子加密提供了理论上的无条件安全，但目前仍处于研究和初步应用阶段。

在实验室数据加密的应用中，需要考虑数据的类型、使用场景和安全需求。例如，对于存储在服务器上的静态数据，可以使用文件级或磁盘级加密技术；对于在网络中传输的动态数据，则需要使用传输层加密技术，如传输层安全协议。此外，数据加密还需要与访问控制、身份认证和审计日志等安全措施相结合，形成一套完整的数据保护体系。

数据加密的实施还需要考虑性能和效率问题。加密和解密过程可能会增加计算和存储的开销，因此在设计加密方案时需要平衡安全性和性能。此外，加密技术的选择和实现也需要考虑兼容性和可扩展性，以适应不断变化的技术环境和安全威胁。

在实验室环境中，数据加密不仅是技术问题，还是管理问题。相关管理人员需要制定相应的数据加密政策和操作规程，明确数据加密的范围、密钥管理流程、加密算法的选择和更新机制等。同时，还需要对实验室人员进行数据安全意识和加密技术的培训，确保他们了解加密的重要性和正确的操作方法。

总之，数据加密是实验室隐私安全保护的基础，需要综合考虑技术、管理和人员因素，通过合理的加密策略和措施，确保数据的机密性、完整性和可用性。随着密码学技术的不断发展和安全威胁的不断演变，实验室需要持续关注加密技术的最新进展，及时更新和优化数据加密方案，以应对新的安全挑战。

（二）访问控制

在实验室环境中，数据的敏感性和价值性要求我们必须实施严格的访问控制策略，以确保只有授权人员才能访问敏感数据。访问控制是信息安全的核心组成部分，它涉及对用户身份的识别、认证、授权以及对访问行为的监控和审计。以下是对访问控制策略的详细叙述。

访问控制策略的基础是对用户身份的准确识别。在实验室中，每位用户都应有唯一的身份标识，如员工编号或特定的用户名。这些身份标识是访问控制策略实施的起点，它们帮助系统区分不同的用户，为后续的认证和授权打下基础。

接着是对用户身份的认证。认证是确认用户所声称身份的过程，常见的认证方式包括密码、生物识别、智能卡、证书等。实验室应采用多因素认证机制，结合两种或以上的认证方式，以提高认证的安全性。例如，除了密码，还可以使用指纹或面部识别作为第二因素，确保只有本人才能通过认证。

认证通过后，下一步是授权。授权是根据用户的身份和属性决定其对资源的访问权限。实验室应建立一套详细的权限管理机制，明确不同用户对不同数据和资源的访问权限。这通常涉及权限的最小化原则，即用户仅拥有完成其工作所必需的最小权限集。此外，实验室还应实施基于角色的访问控制，将用户划分到不同的角色中，每个角色拥有特定的权限集合，简化权限管理。

访问控制还应包括对用户访问行为的监控和审计。实验室应部署访问控制系统，记录用户的访问行为，包括访问时间、访问的资源、执行的操作等。这些日志信息对于事后的安全审计至关重要，它们可以帮助安全团队发现潜在的安全事件，评估安全策略的有效性，并在必要时提供法律证据。

除了上述基本的访问控制机制，实验室还应考虑实施更高级的安全措施。例如，可以使用基于属性的访问控制来实现更细粒度的访问控制，根据用户、资源、环境等多个属性来动态决定访问权限。此外，实验室还可以部署数据丢失防护系统，监控和控制数据的传输和泄露。

在技术实现方面，实验室应选择合适的访问控制模型和工具。访问控制模型如自主访问控制、强制访问控制、基于角色的访问控制等，其各有其适用场景和优缺点。实验室应根据自身的需求和特点选择最合适的模型。同时，实验室应选择成熟、可靠的访问控制工具，如访问控制列表、安全策略管理器等，来实施访问控制策略。

访问控制策略的成功实施还需要组织文化和人员培训的支持。实验室应培养一种安全意识文化，让每位员工认识到保护数据安全的重要性，并了解他们在访问控制中的角色和责任。此外，实验室还应对员工进行定期的安全培训，提高他们对访问控制机制的理解和使用能力。

最后，访问控制策略应是一个持续的过程，需要不断地评估、调整和优化。随着实验室环境的变化，新的安全威胁的出现，访问控制策略也应相应地进行更新。实验室应建立一个反馈机制，收集用户反馈、安全事件报告等信息，及时发现访问控制策略的不足之处，并进行改进。

参考文献

[1] 林洁,黎海红,袁磊.实验室安全与管理[M].2版.北京:化学工业出版社,2024.

[2] 毕见强,谷国超,郑洪亮,等.高校实验室安全管理[M].北京:化学工业出版社,2024.

[3] 阳富强,余龙星,葛樊亮.高校实验室安全教育[M].北京:化学工业出版社,2024.

[4] 公衍生,龚成,王赟,等.高校实验室安全通识教育[M].武汉:中国地质大学出版社,2024.

[5] 王秀海,李旭,张倩,等.生物学实验室安全指南[M].合肥:中国科学技术大学出版社,2023.

[6] 谭大志,肖南.高等学校化学实验室安全原理[M].沈阳:东北大学出版社,2023.

[7] 张宇,梁吉艳,高雅春.实验室安全与管理[M].北京:化学工业出版社,2023.

[8] 许峰,赵艳,刘松.化学实验室安全原理:RAMP原则的运用[M].北京:化学工业出版社,2023.

[9] 张大伟.实验室安全管理与实践[M].长春:吉林出版集团股份有限公司,2023.

[10] 张艳波,陈飞飞.化学实验室安全与防护[M].武汉:华中科技大学出版社,2023.

[11] 刘哲,宋小飞,晏锦.高校实验室安全教程[M].广州:华南理工大学出版社,2023.

[12] 祁梅芳,李振华.高校实验室安全与管理[M].武汉:武汉理工大学出版社,2023.

[13] 李娇.实验室安全应急预案编制与演练[M].合肥:中国科学技术大学出版社,2023.

[14] 李椿方.化学实验室技术安全实务[M].北京:中国劳动社会保障出版社,2023.

[15] 曹静,陈星,孙圣峰.化学实验室安全教程[M].北京:化学工业出版社,

2023.

[16] 陈连清，陈心浩，金士威. 化学实验室安全［M］. 北京：化学工业出版社，2023.

[17] 郭明星，曹宾霞. 化学实验室安全基础［M］. 北京：化学工业出版社，2023.

[18] 陈雪利，谢晖，李卫帮，等. 现代工科实验室安全［M］. 西安：西安交通大学出版社，2023.

[19] 王鹤茹. 化学实验室安全基础与操作规范［M］. 武汉：武汉大学出版社，2022.

[20] 张旭，张雅琳，蓝蔚青，等. 高校实验室安全管理［M］. 北京：中国林业出版社，2022.

[21] 王兆军. 实验室精细化管理［M］. 南京：河海大学出版社，2022.

[22] 范伟，何旭东. 高校实验室安全基础［M］. 苏州：苏州大学出版社，2022.

[23] 姜周曙，樊冰，林海旦，等. 实验室安全通识［M］. 北京：科学出版社，2022.

[24] 刘晓芳，郭俊明，刘满红，等. 化学实验室安全与管理［M］. 北京：科学出版社，2022.

[25] 李志刚，王桂梅，张一帆. 实验室安全技术［M］. 北京：化学工业出版社，2022.

[26] 李新实. 实验室安全——风险控制与管理［M］. 北京：化学工业出版社，2022.

[27] 袁俊斋，田廷科，马国杰. 医学院校实验室安全准入教程［M］. 西安：西安交通大学出版社，2021.

[28] 黄志斌，赵应声. 高校实验室安全通用教程［M］. 南京：南京大学出版社，2021.

[29] 鲁登福，朱启军，龚跃法. 化学实验室安全与操作规范［M］. 武汉：华中科技大学出版社，2021.

[30] 马国杰，王志武. 实验室安全教育手册（动漫版）［M］. 郑州：郑州大学出版社，2021.

[31] 施盛江. 高校实验室安全准入教育［M］. 北京：航空工业出版社，2021.

[32] 张延荣. 环境科学与工程实验室安全与操作规范［M］. 武汉：华中科技大学出版社，2021.